职业院校机电一体化专业规划教材

可编程序控制器（西门子）控制技术

主　编　周照君
副主编　马　坤　胡德文　宋明学
参　编　李秀莲　刘长军　宋志刚

机械工业出版社

本书是"职业院校机电一体化专业规划教材"之一，主要内容包括：PLC 基础知识、PLC 控制三相异步电动机应用、PLC 灯光控制应用、PLC 与人机界面应用和 PLC 综合控制应用等。

本书可作为职业院校电气类和机电类专业可编程控制技术一体化教材，也可用作企业电工培训及转岗再就业电工培训的教材，还可以作为职业技能鉴定培训用书。

图书在版编目（CIP）数据

可编程序控制器（西门子）控制技术/周照君主编. —北京：机械工业出版社，2019.12

职业院校机电一体化专业规划教材

ISBN 978-7-111-64214-5

Ⅰ.①可…　Ⅱ.①周…　Ⅲ.①可编程序控制器 – 高等职业教育 – 教材　Ⅳ.①TM571.61

中国版本图书馆 CIP 数据核字（2019）第 268589 号

机械工业出版社（北京市百万庄大街22号　邮政编码100037）
策划编辑：王振国　责任编辑：王振国
责任校对：张　薇　封面设计：严娅萍
责任印制：郜　敏
北京圣夫亚美印刷有限公司印刷
2020 年 1 月第 1 版第 1 次印刷
184mm×260mm · 13.5 印张 · 332 千字
0001—3000 册
标准书号：ISBN 978-7-111-64214-5
定价：39.80 元

电话服务

客服电话：010-88361066
　　　　　010-88379833
　　　　　010-68326294

封底无防伪标均为盗版

网络服务

机　工　官　网：www.cmpbook.com
机　工　官　博：weibo.com/cmp1952
金　书　网：www.golden-book.com
机工教育服务网：www.cmpedu.com

前　言

随着全球工业智能化迅速发展，PLC 控制技术在机电设备中得到普遍应用，智能制造中 PLC 作为主要的工业现场控制部件与互联网信息大数据进行深入交互。在大力提倡工匠精神的现代社会，世界技能大赛越来越受到重视，而 PLC 控制技术在机电类技能比赛中更是得到了广泛的应用。职业院校机电类各专业，如电气自动化、机电一体化、工业机器人应用、数控机床维修、综合机械设备安装与调试、机电设备维修与管理、机械制造与自动化、建筑智能化工程技术等专业，都将 PLC 控制技术作为专业核心课程。

本书立足于职业院校实践型技术人才培养的特点，以"加强基础知识、突出实践技术、培养动手能力"为指导思想，结合电工国家职业技能标准对中级工、高级工、技师的技能与知识要求，以注重培养学生的 PLC 控制技术应用能力为出发点进行编写。

本书注重对 PLC 控制技术领域最新知识、最新技术方面的介绍，叙述简练，注重学与用相结合。本书采用图文结合的方式，结合大量的应用实例，深入浅出地介绍了西门子 S7-1200 PLC 硬件、博途 TIA Portal V15 软件，以及控制任务的编程、安装调试、通信及人机界面等内容。

本书可作为职业院校电气类、机电类专业可编程控制技术一体化教材，也可用作企业电工培训及转岗再就业电工培训的教材，还可以作为职业技能鉴定培训教材。

由于编者水平有限，书中难免存在错误和不当之处，敬请广大读者批评指正。

编　者

目　　录

模块1

PLC基础知识

本模块对 PLC 技术软硬件的通用基础知识进行介绍，选用西门子 S7-1200 PLC 为硬件及安装使用学习设备，软件选用西门子博途 TIA Portal V15，让学生通过对 S7-1200 PLC 基本模块的安装拆卸和 TIA Portal V15 软件操作，进行 PLC 技术的入门学习。

1.1 认识 PLC

➢ 学习要点

知识点：
⊙ 了解 PLC 的产生和发展。
⊙ 掌握 PLC 的应用场合。
⊙ 了解常用的 PLC。
技能点：
⊙ 熟悉 PLC 品牌型号。
⊙ 上网查阅 PLC 资料。

➢ 知识认知

1.1.1 PLC 的产生和发展

PLC（可编程序控制器）是在继电顺序控制基础上发展起来的以微处理器为核心的通用的工业自动化控制装置。PLC 具有体积小、功能强、程序设计简单、灵活通用等一系列优点，具有高可靠性和较强的适应恶劣工业环境的能力，是实现工业生产自动化的支柱产品之一，将 3C［Computer（计算机）、Control（控制）、Communication（通信）］技术融为一体。

在 PLC 诞生之前，继电器控制系统已广泛应用于工业生产的各个领域。随着生产规模的逐步扩大，继电器控制系统已越来越难以适应现代工业生产的要求。继电器控制系统通常针对某一固定的动作顺序或生产工艺而设计，它的控制功能也局限于逻辑控制、定时、计数等一些简单的控制，一旦动作顺序或生产工艺发生变化，就必须重新进行设计、布线、装配和调试，造成时间和资金的严重浪费。继电器控制系统体积大、耗电多、可靠性差、寿命短、运行速度慢、适应性差。

1968 年，美国最大的汽车制造商通用汽车公司（GM），为了适应汽车型号不断更新的需求，并能在竞争激烈的汽车工业中占有优势，提出要研制一种新型的工业控制装置来取代继电器控制装置，为此，拟定了 10 项公开招标的技术要求。

1）编程简单，可在现场修改程序。

2）维护方便，最好是插件式。

3）可靠性高于继电器控制柜。

4）体积小于继电器控制柜。

5）可将数据直接送入管理计算机。

6）在成本上可与继电器控制柜竞争。

7）输入端可以是交流 115V。

8）输出端可以是交流 115V、2A 以上，可直接驱动电磁阀等。

9）在扩展时，原有系统只需很小的变更。

10）用户程序存储器容量至少能扩展到 4KB。

1969 年，美国数字设备公司（DEC）研制出了世界上第一台 PLC，并在通用汽车公司自动装配线上试用成功。这种新型的工控装置，以其体积小、可变性好、可靠性高、使用寿命长、简单易懂、操作维护方便等一系列优点，很快就在美国的许多行业里得到推广应用，也受到了世界上许多国家的高度重视。

PLC 随着微处理器的不断发展，经历了多次更新换代。

第一代 PLC 大多用一位机开发，用磁芯存储器存储，只有逻辑控制功能。

第二代 PLC 产品中存储器换成了 8 位微处理器及半导体，PLC 产品开始系列化。

第三代 PLC 随着高性能微处理器 CPU 的大量使用，其处理速度大大提高，从而促使其向多功能及联网通信方向发展。

第四代 PLC 产品不仅全面使用 16 位、32 位高性能微处理器，高性能位片式微处理器，而且在一台 PLC 中配置多个处理器，进行多通道处理。同时大量内含微处理器的智能模板的出现，使得第四代 PLC 产品成为具有逻辑控制功能、过程控制功能、运动控制功能、数据处理功能、联网通信功能的名副其实的多功能控制器。同一时期，由 PLC 组成的 PLC 网络也得到飞速发展。

在软件方面，除了保持原有的逻辑运算、计时、计数等功能以外，还增加了算术运算、数据处理、网络通信、自诊断等功能。在硬件方面，除了保持原有的开关模块以外，还增加了模拟量模块、远程 I/O 模块、各种特殊功能模块，并扩大了存储器的容量，而且还提供了一定数量的数据寄存器。为此，美国电气制造协会将可编程序逻辑控制器（Programmable Logic Controller，PLC）正式命名为可编程序控制器（Programmable Controller，PC）。但由于 PC 容易和个人计算机（Personal Computer，PC）混淆，故人们仍习惯地用 PLC 表示可编程序控制器。

1985 年，国际电工委员会（IEC）对 PLC 做出的定义是："可编程序控制器是一种数字运算操作电子系统，专为在工业环境下应用而设计。它采用了可编程序的存储器，用来在其内部存储执行逻辑运算、顺序控制、定时、计数和算术运算等操作的指令，并通过数字的、模拟的输入和输出，控制各种类型的机械或生产过程。可编程序控制器及其有关的外围设备，都应按易于与工业控制系统形成一个整体、易于扩充其功能的原则设计。"

由该定义可知：PLC 是一种由"事先存储的程序"来确定控制功能的工控类计算机。

随着工业控制及计算机的飞速发展，可编程序控制器已成为现代工业自动化领域最重要、应用最多的控制装置；工业控制计算机与 PLC 组合在一起形成上位机与下位机控制系统应用得也越来越多。现今 PLC 技术、数控技术、计算机辅助设计/计算机辅助生产（CAD/CAM）和机器人技术并列为工业生产自动化的四大支柱。

现代 PLC 的发展有两个主要趋势：其一是向体积更小、速度更快、功能更强、功耗更低和价格更低的微小型方面发展，即现今开始发展的嵌入式 PLC 控制方式；其二是随着物联网、数据云、人工智能的发展，PLC 向大型网络化、高可靠性、高兼容性和较强的可移植性方面发展。

1.1.2　PLC 的特点及应用

1. PLC 的特点

PLC 的种类虽然多种多样，但是在现代工业自动化生产中它们有着许多共同的特点。

（1）抗干扰能力强，可靠性高　工业生产对电气控制系统的可靠性要求是非常高的。PLC 由于采用了现代大规模集成电路技术，它的工作可靠程度是使用机械触点的继电器无法比拟的。此外，为了保证 PLC 能够适应恶劣的工作环境，在硬件和软件的设计与制造过程中均采取了一些抗干扰的措施。

1）PLC 一般都采用光耦合器来传递信号，有效抑制了外部电路与 PLC 内部之间的电磁干扰。

2）主机的输入、输出电路采用独立电源供电，避免了电源之间的干扰。

3）在 PLC 的电源和输入、输出电路中设置多种滤波电路，避免了高频信号的干扰。

4）PLC 内部设置联锁、故障检测和诊断电路，出现问题时可及时发出警报信息，保证其工作安全性。

5）在应用程序中，技术人员还可以编入外围器件的故障自诊断程序，使 PLC 以外的电路及设备也获得故障自诊断保护，在软件方面提高了可靠性。

6）PLC 采用密封、防尘、抗振的外壳封装，可以在恶劣的环境下工作。

（2）功能完善，适应性强　目前的 PLC 已经标准化、系列化和模块化，不仅具有逻辑运算、定时、计数、顺序控制等功能，还具有 A/D、D/A 转换、算术运算及数据处理、通信联网和生产过程监控等功能。它能根据实际需要，方便灵活地组装成大小各异、功能不一的控制系统：可以控制一台单机、一条生产线，也可以控制一组机器、多条生产线；可以进行现场控制，也可以实现远程控制。

（3）编程语言易学易用　作为通用工业控制装置，PLC 的编程语言简单易学，梯形图语言的图形符号、表达方式与继电器电路图相当接近，使不懂计算机原理和汇编语言的技术人员也能很容易地掌握。

（4）调试、使用、维修方便　PLC 用软件编程代替传统控制装置的硬件接线，大大减少了控制设备的外部接线，使控制系统设计及建造周期大大缩短。它的模块化结构，使得系统构成十分灵活。PLC 的故障率很低，一旦发生故障可以依靠系统的自诊断能力和指示灯的状态迅速查明原因，排除故障。

（5）易于实现机电一体化　由于小型的 PLC 体积小，很容易装入机械内部，因此它是实现机电一体化的理想控制设备。

2. PLC 的功能应用

目前，PLC 已经广泛应用于冶金、化工、建材、电力、矿山、机械制造、轻纺和交通等行业。PLC 的控制功能概括起来，有以下 6 个方面：

（1）开关量控制 开关量控制也就是逻辑控制，这是 PLC 最初的应用领域，运用在单机控制、多机群控和自动生产线控制方面，如机床电气控制、起重机、传送带运输机、包装机械的控制、注塑机的控制和电梯的控制等，如图 1-1 所示。

图 1-1 开关量控制

（2）模拟量控制 目前，各种型号的 PLC 基本都有模拟量处理功能，通过模拟量 I/O 模块可对温度、压力、速度、流量等连续变化的模拟量进行控制，编程非常方便，如自动焊机控制、锅炉运行控制、连轧机的速度和位置控制等都是典型的闭环过程控制的应用，如图 1-2 所示。

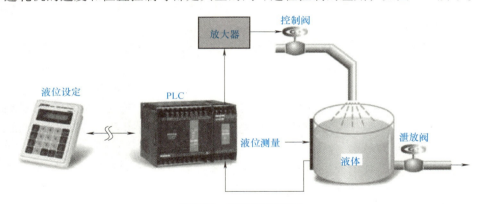

图 1-2 闭环过程控制

（3）运动控制 也称为位置控制，通过高速计数模块和位置控制模块进行单轴或多轴控制，实现直线运动或圆周运动。早期 PLC 通过开关量 I/O 模块与位置传感器和执行机构的连接来实现这一功能，现在一般都使用专用的运动控制模块来完成，目前广泛应用在金属切削机床、电梯、机器人等各种机械设备上，典型的例子如：PLC 和计算机数控装置 CNC 组合成一体，构成先进的数控机床，如图 1-3 所示。

图 1-3 数控机床

（4）数据处理 现代 PLC 能够完成数学运算（函数运算、矩阵运算、逻辑运算），数据的移位、比较、传递，数值的转换和查表等操作，对数据进行采集、分析和处理，比如柔性制造系统、机器人控制系统、多点同步运行控制系统等。

（5）监控功能 PLC 能监视系统各部分运行状态和进程，对系统出现的异常情况进行报警和记录，甚至自动终止运行；也可在线调整、修改控制程序中的定时、计数等设定值或强制 I/O 状态，如图 1-4 所示。

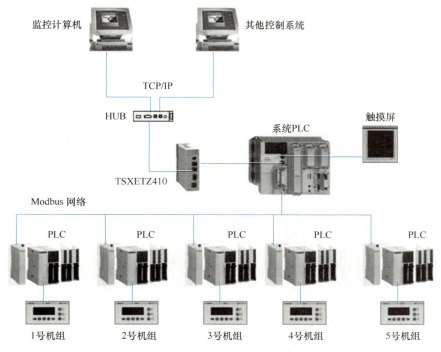

图 1-4　PLC 多机组控制监控系统

（6）通信联网　指 PLC 与 PLC 之间、PLC 与上位计算机或 PLC 与智能仪表和智能执行装置（如变频器）之间的通信，利用 PLC 和计算机的 RS232 或 RS422 接口、PLC 的专用通信模块，用双绞线和同轴电缆或光缆将它们连成网络，可实现相互间的信息交换，构成"集中管理、分散控制"的多级分布式控制系统，建立自动化网络，如图 1-5 所示。

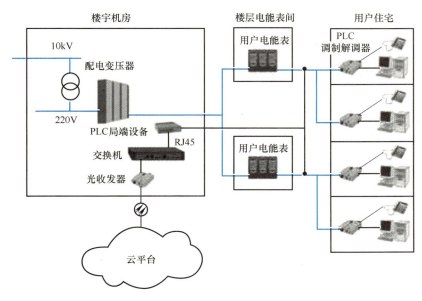

图 1-5　PLC 电力线通信

PLC 与工业互联网、工业物联网结合已经成为新技术的热点，新型 PLC 集 PC、OPC 服务器、边缘网管于一体，具有监测、控制、数据采集、可视化设备、过程控制、云服务等功能，实质上是一个工业物联网结构。

➤ **任务实施**

1.1.3 参观企业 PLC 设备

在指导教师的带领下，参观工业生产自动化程度较高的企业。例如，图 1-6 所示为某应用 PLC 控制的自动化生产线现场。了解电气自动化在企业应用的现状及发展趋势，观察自动化设备的应用情况，倾听企业工程师讲解 PLC 在控制系统中的作用和地位，在该生产线中应用到的功能等。将参观情况记录下来，可参考表 1-1 填写。

图 1-6　工业自动化企业参观

表 1-1　参观工业自动化企业生产线记录表

序　号	设备名称	PLC 品牌及型号	控制方式	应用功能	其　他
1					
2					
3					
4					

➤ **思考与练习**

1. 简述 PLC 的定义。
2. PLC 可以应用在哪些领域？
3. 与继电控制系统相比，PLC 有哪些优点？
4. 上网查阅有关厂商的 PLC 产品资料。

1.2　西门子 S7-1200 PLC 的硬件及拆装

➤ **学习要点**

知识点：
⊙ 掌握 PLC 的硬件结构组成。
⊙ 了解西门子系列 PLC 产品。

⊙ 掌握西门子 S7-1200 PLC 的技术参数。

技能点:

⊙ 熟悉西门子 S7-1200 PLC 的硬件结构及接线。

⊙ 会上网查阅 PLC 资料选择 PLC 模块。

➤ **知识学习**

1.2.1　PLC 的硬件结构组成

一般 PLC 分为整体式和组合式两类:整体式机型大多应用于小型单机控制,其外形如图 1-7 所示;组合式机型应用于大型多机网络式控制,其外形如图 1-8 所示。

图 1-7　整体式 PLC 机型的外形　　　　　图 1-8　组合式 PLC 机型的外形

现以整体式 PLC 为例,说明其内部硬件结构及各部分结构的作用。硬件结构组成如图 1-9 所示。

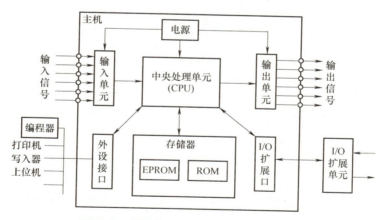

图 1-9　整体式 PLC 硬件结构组成示意图

1. 中央处理单元

中央处理单元即 CPU,它是 PLC 的运算、控制中枢。它按照 PLC 系统程序赋予的功能接收并存储从编程器输入的用户程序和数据;检查电源、存储器、I/O 以及警戒定时器的状态,并能诊断用户程序中的语法错误。PLC 的档次越高,所用的 CPU 的位数也越多,运算速度也越快,功能越强。

2. 存储器

PLC 配有系统存储器和用户存储器两种存储器。在系统程序存储区中存放着相当于计算机操作系统的系统程序，包括监控程序、管理程序、命令解释程序、功能子程序和系统诊断子程序等。由制造厂商将其固化在 EPROM 中，用户不能直接存取。它和硬件一起决定了该 PLC 的性能。用户存储器用来存放用户编制的控制程序。存储器常用类型有 ROM、RAM、EPROM 和 EEPROM。

3. 输入/输出单元

输入/输出单元又称为 I/O 模块或接口，PLC 通过 I/O 单元与工业生产过程现场相联系。为了保证能在恶劣的工业环境中使用，输入、输出口都有光电隔离装置，使外部电路与 PLC 内部之间完全避免了电的联系，有效地抑制了外部干扰源对 PLC 的影响，还可防止外部强电窜入内部 CPU；在 PLC 电路电源和输入、输出电路中设置有多种滤波电路，可有效抑制高频干扰信号。

（1）开关量输入接口　PLC 输入接口都采用光耦合器作为电流输入型，能有效地避免输入端引线可能引入的电磁场干扰和辐射干扰。在光电输出端设置 RC 滤波器，是为了防止用开关类触点输入时触点振颤及抖动等引起的误动作，因此使 PLC 内部约有 10ms 的响应滞后。当各种传感器（如接近开关、光电开关、霍尔开关等）作为输入点时，可以用 PLC 机内提供的电源或外部独立电源供电，而且规定了具体的接线方法，使用时应加以注意。直流开关量输入接口原理及接线如图 1-10 所示。

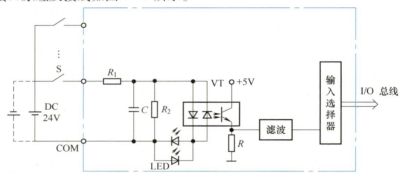

图 1-10　直流开关量输入接口原理及接线

有的 PLC 输入无须外接电源，称为无源式输入单元。

（2）开关量输出接口电路　PLC 的输出形式主要有 3 种：继电器输出、晶体管输出和晶闸管输出。

1）继电器输出：开关速度低，负载能力大，适用于低频交直流负载的场合，如图 1-11 所示。

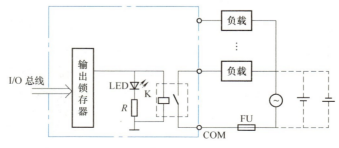

图 1-11　继电器输出原理及接线

2）晶体管输出：开关速度高，负载能力小，适用于高频直流负载场合，如图 1-12 所示。

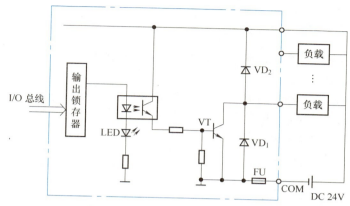

图 1-12　晶体管输出原理及接线

3）晶闸管输出：开关速度高，负载能力小，适用于高频交直流负载场合，如图 1-13 所示。

PLC 输出接口有关注意事项：

① PLC 输出接口是成组的，有汇点式和隔离式两种。每一组有一个 COM 口，只能使用同一种电源电压。

② PLC 输出负载能力有限，具体参数请阅读相关资料。

③ 对于电感性负载应加阻容保护。

④ 负载采用的直流电源小于 30V 时，为了缩短响应时间，可用并接续流二极管的方法改善响应时间。

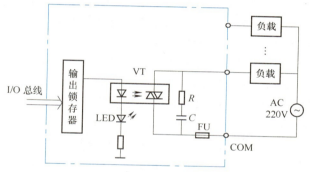

图 1-13　晶闸管输出原理及接线

4. 电源

PLC 的电源在整个系统中起着十分重要的作用。PLC 配有开关稳压电源的电源模块，用来将外部供电电源转换成供 PLC 内部 CPU、存储器 I/O 接口等电路工作所需的直流电源。同时，有的还为输入电路提供 24V 的工作电源，用于对外部传感器供电，避免由于外部电源污染或不合格电源引起的故障。小型 PLC 的电源往往和 CPU 单元合为一体，大、中型 PLC 都有专用电源部件。

5. 扩展口

扩展口是 PLC 的总线接口，当用户所需的 I/O 点数超出主机点数时，可以通过加接 I/O 扩展单元来解决，主机与 I/O 扩展单元通过扩展口连接。PLC 具有多种 I/O 模块，常见的有 A/D、D/A 模块，另外有快速响应模块、高速计数模块、通信接口模块、温度控制模块、中断控制模块和定位控制模块等种类繁多、功能各异的专用 I/O 模块和智能 I/O 模块。针对不同的工业控制应用场合，选择 I/O 功能模块与基本单元连用，可充分发挥 PLC 灵活、通用、可靠、迅捷的优势。

6. 外部设备接口

外部设备通过接口与 PLC 联系，完成人机对话，如外存储器、EPROM 写入器、人机接口（触摸屏）等；也可以通过接口与专用编程器或计算机相连，进行编写 PLC 控制程序、输入程序、调试程序、修改程序，以及在线监视 PLC 的工作状态等。

1.2.2 西门子 S7-1200 PLC 简述

德国西门子（SIEMENS）公司生产的可编程序控制器在我国的应用相当广泛，在冶金、化工、印刷等领域都有应用。

西门子（SIEMENS）公司的 PLC 产品包括 LOGO、S7-200、S7-1200、S7-300、S7-400、S7-1500、工业网络、HMI 人机界面和工业软件等。西门子 S7 系列 PLC 体积小，速度快，标准化，具有网络通信能力，功能更强，可靠性高。S7 系列 PLC 产品可分为微型 PLC（如 S7-200 和 S7-1200），小规模 PLC（如 S7-300），中、高规模 PLC（如 S7-400 和 S7-1500）等。

LOGO 和 S7-200 是超小型化的 PLC，适合于单机控制或小型系统的控制，适用于各行各业及各种场合中的自动检测、监测及控制等；S7-300 是模块化小型 PLC 系统，可用于对设备进行直接控制，可以对多个下一级的可编程序控制器进行监控，还适合中型或大型控制系统的控制，能满足中等性能要求的应用；S7-400 则用于中、高档性能范围的可编程序控制器，能进行较复杂的算术运算和复杂的矩阵运算，还可用于对设备进行直接控制，也可以对多个下一级的可编程序控制器进行监控。

1. 西门子 S7-1200 的产品定位

S7-1200 是紧凑型 PLC，是 S7-200 的升级版，具有模块化、结构紧凑、功能全面等特点，适用于多种应用场合，能够保障现有投资的长期安全。

S7-1200 PLC 的 CPU 采用更快的处理芯片，布尔运算执行速度从 S7-200 的每个指令 0.22μs 提升到每个指令 0.08μs，速度提升幅度达 275%，非常接近 S7-300 的水平，而且经过测试，S7-1200 与 S7-300 计算速度基本一致，大幅领先 S7-200。它采用的 CPU 工作存储器远超 S7-200 的存储器，支持存储卡的容量甚至超过了 S7-300 所支持的存储卡容量，标配 PROFINET 以太网接口，以及全面的集成工艺功能，可以作为一个组件集成在完整的综合自动化解决方案中。其创新的设计使调试和安全操作简单便捷，而集成于 TIA 博途的诊断功能通过简单配置即可实现对设备运行状态的诊断，简化工程组态，并降低项目成本。

2. 西门子 S7-1200 的特点

（1）扩展及功能更强　西门子 S7-1200 系统有三种不同模块，分别为 CPU 1211C、CPU 1212C 和 CPU 1214C。其中每一种模块都可以进行扩展，以完全满足系统需要。可在任何 CPU 的前方加入一个信号板，轻松扩展数字或模拟量 I/O，同时不影响控制器的实际大小。可将信号模块连接至 CPU 的右侧，进一步扩展数字量或模拟量 I/O 容量。CPU 1212C 可连接 2 个信号模块，CPU 1214C 可连接 8 个信号模块。最后，所有的 SIMATIC S7-1200 CPU 控制器的左侧均可连接多达 3 个通信模块，便于实现端到端的串行通信。

（2）安装简单方便　S7-1200 PLC 硬件都有内置的卡扣，可简单方便地安装在标准的 35mm DIN 导轨上。这些内置卡扣也可以卡入到已扩展的位置，当需要安装面板时，可提供安装孔。SIMATIC S7-1200 硬件可以安装在水平或竖直的位置。这些集成功能在安装过程中为用户提供了最大的灵活性，并使 SIMATIC S7-1200 为各种应用提供了实用的解决方案。

（3）节省空间的设计 S7-1200 PLC 硬件都经过专门设计，以节省控制面板的空间。例如，经过测量，CPU 1214C 的宽度仅为 110mm，CPU 1212C 和 CPU 1211C 的宽度仅为 90mm。结合通信模块和信号模块的较小占用空间，在安装过程中，该模块化为系统节省了宝贵的空间，也提供了较高的效率和一定灵活性。

（4）紧凑自动化的模块化概念 S7-1200 PLC 具有集成的 PROFINET 接口、强大的集成技术功能和可扩展性强、灵活度高的设计。它实现了简便的通信、有效的技术任务解决方案，并能完全满足一系列的独立自动化需求。

S7-1200 系列提供了各种模块和插入式板，用于通过附加 I/O 或其他通信协议来扩展 CPU 的功能。

3. 西门子 S7-1200 的硬件构成

（1）中央处理器 CPU 模块 西门子 S7-1200 PLC 控制器的 CPU 模块将微处理器、集成电源、输入和输出电路、内置 PROFINET、高速运动控制 I/O 以及板载模拟量输入组合到一个设计紧凑的外壳中来形成功能强大的控制器，其外形如图 1-14 所示。CPU 提供一个 PROFINET 端口用于通过 PROFINET 网络进行通信。还可使用附加模块通过 PROFIBUS、GPRS、RS485 或 RS232 网络进行通信。

图 1-14 S7-1200 控制器
CPU 模块外形
1—电源接口
2—存储卡插槽（上部保护盖下面）
3—可拆卸用户接线连接器（保护盖下面）
4—板载 I/O 的状态 LED
5—PROFINET 连接器（CPU 的底部）

西门子 S7-1200 PLC 控制器的三种 CPU 模块参数对比见表1-2。

表 1-2 西门子 S7-1200 PLC 控制器的三种 CPU 模块参数对比

型　号		CPU 1211C	CPU 1212C	CPU 1214C
3 CPUs		DC/DC/DC, AC/DC/RLY, DC/DC/RLY		
物理尺寸		90mm×100mm×75mm		110mm×100mm×75mm
用户存储器	工作存储器	25KB		50KB
	装载存储器	1MB		2MB
	保持性存储器	2KB		2KB
本体集成 I/O	数字量	6 点输入/4 点输出	8 点输入/6 点输出	14 点输入/10 点输出
	模拟量	2 路输入	2 路输入	2 路输入
过程映像大小		1024B 输入（I）和 1024B 输入（Q）		
位存储器（M）		4096B		8192B
信号模块扩展		无	2	8
信号板		1		
最大本地 I/O（数字量）		14	82	284
最大本地 I/O（模拟量）		3	15	51
通信模块		3（左侧扩展）		

（续）

型　　号		CPU 1211C	CPU 1212C	CPU 1214C
高速计数器	单相	3个，100kHz	3个，100kHz； 1个，30kHz	3个，100kHz； 3个，30kHz
	正交相位	3个，80kHz	3个，80kHz； 1个，20kHz	3个，80kHz； 3个，20kHz
脉冲输出		2		
存储卡		SIMATIC 存储卡（选件）		
实时时钟保持时间		通常为10天；40℃时最少6天		
PROFINET		1个以太网通信端口		
实数数学运算执行速度		18μs/指令		
布尔运算执行速度		0.1μs/指令		

（2）信号板（SB）　CPU 支持一个插入式信号板（SB），这种信号板可以为 CPU 提供附加的输入/输出通道，信号板（SB）连接在 CPU 的前端，如图 1-15 所示。一块信号板可以连接至所有的 CPU，由此可以通过向控制器添加数字量或模拟量输入/输出通道来量身订制 CPU，而不必改变其体积。SIMATIC S7-1200 控制器的模块化设计允许用户按照实际的应用需求准确地设计控制器系统。

（3）信号模块（SM）　信号模块（SM）可以为 CPU 增加其他功能。SM 连接在 CPU 右侧，如图 1-16 所示。多达 8 个信号模块可连接到扩展能力最高的 CPU，以支持更多的数字量和模拟量输入/输出信号连接。

图 1-15　信号板
1—SB 上的状态指示 LED
2—可拆卸用户接线连接器

（4）通信模块（CM）　通信模块（CM）可以为 CPU 增加通信选项，西门子 S7-1200 CPU 最多可以添加 3 个通信模块，连接在 CPU 的左侧，如图 1-17 所示。RS485/RS232 通信模块为点到点的串行通信提供连接。对该通信的组态和编程采用了扩展指令或库功能、USS 驱动协议、Modbus RTU 主站和从站协议。

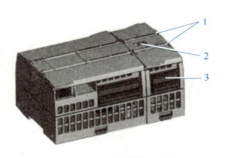

图 1-16　信号模块（SM）
1—状态指示 LED　2—总线连接器
3—可拆卸用户接线连接器

图 1-17　通信模块（CM）
1—状态指示 LED　2—通信连接器

> **任务实施**

1.2.3　西门子 S7-1200 PLC 的拆装

安装一个西门子 S7-1200 PLC 硬件系统的基本步骤如图 1-18 所示。

西门子 S7-1200 PLC 采用了简易的安装形式，用户能够直接在面板上或标准导轨上安装，并可垂直或水平安装。无论安装在面板上还是安装在标准 DIN 导轨上，其紧凑型设计都有利于有效利用空间。使用模块上的导轨夹具可以使模块固定到导轨上，导轨夹具上螺孔的内径是 4.3mm。S7-1200 PLC 基本安装尺寸如图 1-19 所示。

安装或者拆卸模块时，一定要确保没有电源连接到任何模块上。将设备与热辐射、高压和电噪声隔离开，留出足够的空隙以便冷却和接线。必须在设备的上方和下方留出 25mm 的发热区以便空气自由流通。

视频1

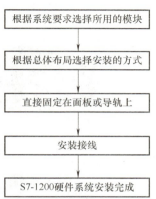

图 1-18　S7-1200 PLC 硬件系统的安装步骤

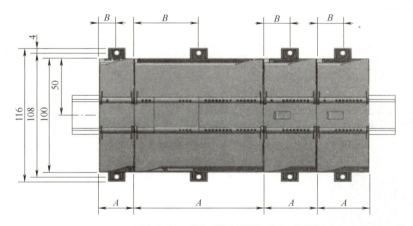

图 1-19　S7-1200 PLC 基本安装尺寸（4 只并行排列）

1. S7-1200 设备 CPU 安装和拆卸

CPU 可以很方便地安装到标准 DIN 导轨或面板上。可使用 DIN 导轨卡夹将设备固定到 DIN 导轨上。这些卡夹还能调节到一个伸出位置以提供设备面板安装时所用的螺钉安装位置。

注意：在安装或拆卸任何电气设备前，要确保已关闭相应设备的电源。同时，还要确保已关闭所有相关设备的电源。

（1）面板式安装 CPU　面板式安装如图 1-20 所示。具体操作步骤如下：

面板式安装时的螺孔位置

图 1-20　面板式安装

1）在面板上加工 2 个 M4 或者美国标准 8 号的安装孔。

2）拔出模块上顶部和底部的 DIN 导轨夹具到扩展位置。

3）使用螺钉固定好模块。

（2）DIN 导轨式安装 CPU　具体操作步骤见表 1-3。

表 1-3　将 CPU 安装在 DIN 导轨上

任　务　图	步　骤
	① 安装标准 35mm DIN 导轨，每隔 75mm 将导轨固定到安装板上 ② 确保 CPU 和所有 S7-1200 设备都与电源断开 ③ 把 CPU 顶部挂到导轨的上端 ④ 拔出 CPU 底部的 DIN 导轨夹具，旋转 CPU 到导轨的合适位置 ⑤ 把 CPU 底部的 DIN 导轨夹具推回到合适位置，将 CPU 锁定到导轨上

（3）CPU 的拆卸　具体操作步骤见表 1-4。

表 1-4　从 DIN 导轨上拆卸 CPU

任　务　图	步　骤
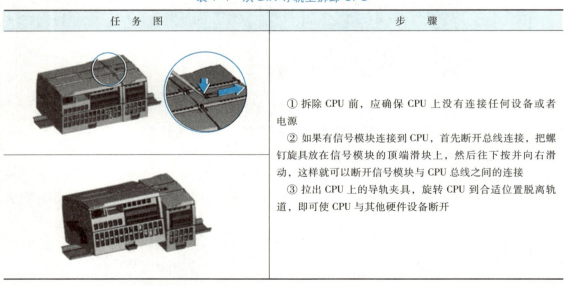	① 拆除 CPU 前，应确保 CPU 上没有连接任何设备或者电源 ② 如果有信号模块连接到 CPU，首先断开总线连接，把螺钉旋具放在信号模块的顶端滑上，然后往下按并向右滑动，这样就可以断开信号模块与 CPU 总线之间的连接 ③ 拉出 CPU 上的导轨夹具，旋转 CPU 到合适位置脱离轨道，即可使 CPU 与其他硬件设备断开

2. 信号板（SB）的安装和拆卸

（1）安装西门子 S7-1200 设备信号板（SB）　具体操作步骤见表 1-5。

表1-5　信号板（SB）的安装

任务图	步骤
	① 确保 CPU 和所有 S7-1200 设备都与电源断开 ② 卸下 CPU 上部和下部的端子板盖板 ③ 将螺钉旋具插入 CPU 上部接线盒盖背面的槽中 ④ 轻轻将盖板撬起并从 CPU 上卸下 ⑤ 将模块直接向下放入 CPU 上部的安装位置中 ⑥ 用力将模块压入该位置直到卡入就位 ⑦ 重新装上端子板盖子

（2）拆卸西门子 S7-1200 设备信号板（SB）　具体操作步骤见表1-6。

表1-6　信号板（SB）的拆卸

任务图	步骤
	① 确保 CPU 和所有 S7-1200 设备都与电源断开 ② 卸下 CPU 上部和下部的端子板盖板 ③ 将螺钉旋具插入 CPU 上部接线盒盖背面的槽中 ④ 轻轻将模块撬起使其与 CPU 分离 ⑤ 将模块直接从 CPU 上部的安装位置中取出 ⑥ 将盖板重新装到 CPU 上 ⑦ 重新装上端子板盖子

3. 信号模块（SM）的安装和拆卸

（1）安装信号模块（SM）　具体操作步骤见表1-7。

表1-7　信号模块（SM）的安装

任务图	步骤
	在安装 CPU 之后安装 SM： ① 确保 CPU 和所有 S7-1200 设备都与电源断开 ② 卸下 CPU 右侧的连接器盖 ③ 将螺钉旋具插入盖上方的插槽中 ④ 将其上方的盖板轻轻撬出并卸下盖板，收好盖板以备再次使用

（续）

任　务　图	步　骤
	将 SM 连接到 CPU： ① 将 SM 装在 CPU 旁边 ② 将 SM 挂到 DIN 导轨上方 ③ 拉出下方的 DIN 导轨卡夹以便将 SM 安装到导轨上 ④ 向下转动 CPU 旁的 SM 使其就位并推入下方的卡夹将 SM 锁定到导轨上
	伸出总线连接器即为 SM 建立了机械和电气连接： ① 将螺钉旋具放到 SM 上方的小接头旁 ② 将小接头滑到最左侧，使总线连接器伸到 CPU 中

（2）拆卸信号模块（SM）　具体操作步骤见表 1-8。

表 1-8　信号模块（SM）的拆卸

任　务　图	步　骤
	可以在不卸下 CPU 或其他 SM 处于原位时卸下任何 SM： ① 确保 CPU 和所有 S7-1200 设备都与电源断开 ② 将 I/O 连接器和接线从 SM 上卸下 ③ 缩回总线连接器： ● 将螺钉旋具放到 SM 上方的小接头旁 ● 向下按使连接器与 CPU 相分离 ● 将小接头完全滑到右侧 如果右侧还有 SM，则对该 SM 重复上述步骤
	卸下 SM： ① 拉出下方的 DIN 导轨卡夹，从导轨上松开 SM ② 向上转动 SM 使其脱离导轨，从系统中卸下 SM ③ 若有必要，用盖子盖上 CPU 的总线连接器以避免污染 要拆除信号模块旁的信号模块时，可按照以上相同的步骤操作

4. 拆卸和重新安装 S7-1200 端子板连接器

CPU、SB 和 SM 模块提供了方便接线的可拆卸连接器。

（1）拆卸端子连接器　具体操作步骤见表 1-9。

表1-9　端子连接器的拆卸

任　务　图	步　骤
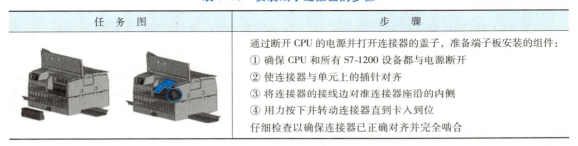	通过卸下 CPU 的电源并打开连接器上的盖子，准备从系统中拆卸端子板连接器： ① 确保 CPU 和所有 S7-1200 设备都与电源断开 ② 查看连接器的顶部并找到可插入螺钉旋具头的槽 ③ 将螺钉旋具插入槽中，轻轻撬起连接器顶部使其与 CPU 分离，连接器从夹紧位置脱离 ④ 抓住连接器并将其从 CPU 上卸下

（2）安装端子连接器　具体操作步骤见表1-10。

表1-10　安装端子连接器的步骤

任　务　图	步　骤
	通过断开 CPU 的电源并打开连接器的盖子，准备端子板安装的组件： ① 确保 CPU 和所有 S7-1200 设备都与电源断开 ② 使连接器与单元上的插针对齐 ③ 将连接器的接线边对准连接器座沿的内侧 ④ 用力按下并转动连接器直到卡入到位 仔细检查以确保连接器已正确对齐并完全啮合

5. S7-1200 控制器设备硬件接线

西门子 S7-1200 的硬件接线以 CPU 1214C DC/DC/DC 为例，如图 1-21 所示。

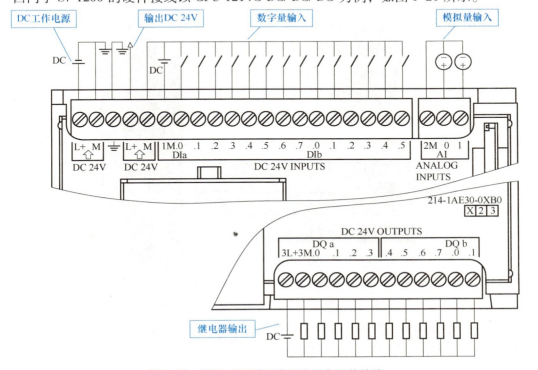

图1-21　CPU 1214C DC/DC/DC 硬件接线

1）将电源连接到 CPU。该 CPU 需要使用 DC 24V 的电源，将电源线接入 L + 和 M 端子，以及将接地线接入接地端子并拧紧端子螺钉。

2）连接 I/O，根据控制动作进行输入/输出接线，数字量接入数字量接口，模拟量接入模拟量接口。

3）连接 PROFINET 电缆。PROFINET 电缆是带有 RJ45 接口的标准以太网电缆，用于连接 CPU 与计算机或编程设备。将 PROFINET 电缆的一端插入 CPU，将另一端插入计算机或编程设备的以太网端口，如图 1-22 所示。

PLC以太网端口

图 1-22　PROFINET 电缆的连接

> **知识拓展**

1. S7-1200 硬件安装注意事项

1）S7-1200 硬件属于开放式系统，必须安装在控制柜、控制箱或者室内，只有经过授权的人员才可对其进行调试。

2）S7-1200 硬件系统安装时，要与高压、高热、强电磁干扰设备彼此隔离。

3）S7-1200 硬件采用自然冷却方式，因此要确保其安装位置的上、下部分与邻近设备之间至少留出 25mm 的空间，并且 S7-1200 与控制柜外壳之间的距离至少为 25mm（安装深度），如图 1-23 所示。

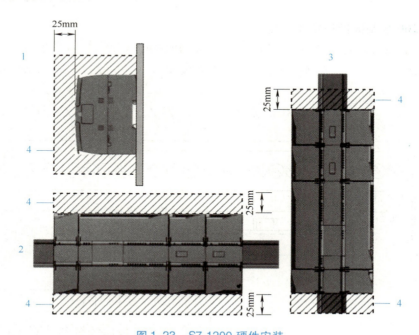

图 1-23　S7-1200 硬件安装

1—侧视图　2—水平安装　3—垂直安装　4—空隙区域

4）当 S7-1200 硬件采用垂直安装方式时，其允许的最大环境温度要比水平安装方式降低 10℃，此时要确保 CPU 被安装在最下面。

5）电源的处理。S7-1200 CPU 有一个内部电源，为 CPU、信号模块、信号扩展板、通信模块提供电源，并且也为用户提供 24V 电源。

CPU 将为信号模块、信号扩展板、通信模块提供 5V 直流电源，不同的 CPU 能够提供的功率是不同的。在硬件选型时，用户需要计算所有扩展模块的功率总和，检查此数值是否在 CPU 提供功率之内，如果超出则必须更换容量更大的 CPU 或减少扩展模块的数量。

S7-1200 CPU 也为信号模块的 24V 输入点、继电器输出模块或其他设备提供电源（被称作传感器电源），如果实际负载超过了此电源的能力，则需要增加一个外部 24V 电源，此电源不可与 CPU 提供的 24V 电源并联，并且建议将所有 24V 电源的负端连接到一起。用户可以在 S7-1200 CPU 技术手册查询关于传感器电源的功率参数。传感器 24V 电源与外部 24V 电源应当供给不同的设备，否则将会产生冲突。

6）端子模块允许的导线横截面积为 $0.3 \sim 2mm^2$。端子模块允许的最大力矩为 $0.56N \cdot m$。

若不符合上述要求，可能导致人员伤亡和财产损失。有关安装的具体要求，可参考相关手册。

2. 用 S7-1200 控制直流感性负载

S7-1200 直流输出点包括一个回路，在大多数应用情况下因为通过继电器可以使用直流或者交流负载，所以 S7-1200 直流输出没有提供内部保护。对于感性负载，这个限流回路都是足够的。

用 S7-1200 输出点控制直流感性负载的接线如图 1-24 所示。

在大多数应用情况下，一个额外的二极管（A）对于感性负载是合适的，但是如果系统要求快速的关断响应时间，那么建议使用一个额外的齐纳二极管（B）。用户需要确保齐纳二极管容量满足输出回路的总电流需求。

3. 继电器输出控制交流感性负载

当使用继电器输出来控制 115V/220V 交流负载时，可以使用图 1-25 所示的阻容回路或者压敏变阻器来限制峰值电压，确保压敏变阻器的工作电压至少比正常的线电压大 20%。

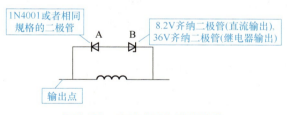

图 1-24　直流感性负载的接线

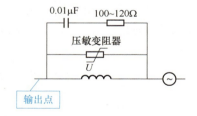

图 1-25　继电器输出控制
交流感性负载的接线

4. 灯负载

由于接通灯负载时，会产生高的浪涌电流，因此灯负载对于继电器触点是有破坏性的。一个钨灯泡的起动浪涌电流将是稳定电流的 $10 \sim 15$ 倍，对于灯负载建议使用可更换继电器或者浪涌限制器。

> ### 思考与练习

1. 简述 PLC 硬件的基本组成及其作用。
2. 西门子 S7-1200 控制器的特点有哪些？

3. 常用的西门子 S7-1200 控制器硬件有哪些？

4. 安装 S7-1200 控制器硬件系统的基本步骤是什么？

5. 安装 S7-1200 控制器硬件应注意哪些事项？

6. 如何进行 S7-1200 控制器硬件接线？

1.3　西门子 TIA Portal 博途软件的使用

➤ 学习要点

　　知识点：
　　　⊙ 掌握 PLC 的基本工作原理。
　　　⊙ 掌握 S7-1200 控制器数据存储结构。
　　　⊙ 掌握西门子博途软件的性能。
　　技能点：
　　　⊙ 熟练使用西门子博途软件。

➤ 知识学习

1.3.1　PLC 的基本工作原理

　　PLC 采用循环扫描工作方式，当 PLC 投入运行时，首先它以扫描的方式接收现场各输入装置的状态和数据，并分别存入 I/O 映像区，然后从用户程序存储器中逐条读取用户程序，经过命令解释后按指令的规定将执行逻辑或算术运算的结果送入 I/O 映像区或数据寄存器内。等所有的用户程序执行完毕之后，最后将 I/O 映像区的各输出状态或输出寄存器内的数据传送到相应的输出装置，完成一个扫描周期。如此循环，直到停止运行，如图 1-26 所示。每个扫描过程顺序分为 3 个阶段，每重复一次就是一个扫描周期。

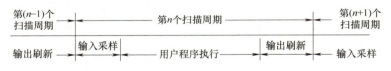

图 1-26　循环扫描工作方式

1. 输入采样阶段

　　这一阶段也称为输入刷新阶段，即 PLC 以扫描方式按顺序先将所有输入端的信号状态读入输入状态寄存器（输入器映像区）。输入采样结束后，即使输入信号状态发生改变，输入状态寄存器（输入器映像区）中的相应内容也不会发生改变。

2. 程序执行阶段

　　PLC 将按梯形图从上至下、从左到右的顺序，对由各种继电器、定时器、计数器等的接点构成的梯形图控制电路进行逻辑运算，然后根据逻辑运算的结果，刷新输出继电器或系统内部继电器的状态。

3. 输出刷新阶段

当所有的指令执行完毕时，PLC 输出状态寄存器（输出器映像区）中所有状态通过输出电路输出驱动用户输出设备（负载），也就是 PLC 的输出刷新阶段。输出刷新后，PLC 再次执行输入采样，开始一个新的扫描周期。

图 1-27 所示为继电器控制：用一个按钮 SB1（输入信号）控制 3 个输出量 KM1、KM2 和 KM3。电路中 KM2 与 KM3 具有相同的响应速度（SB1 闭合→KM1 接通→KM2、KM3 同时接通）。

用 PLC 做成同样的控制梯形图，用一个输入信号 I0.0 控制 3 个输出量 Q0.1、Q0.2 和 Q0.3，如图 1-28 所示。

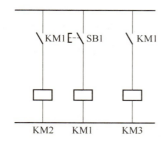

图 1-27　继电器控制

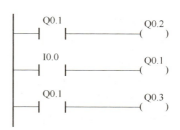

图 1-28　PLC 控制梯形图

以 3 个扫描周期（见图 1-29）来说明控制过程中输出的滞后问题。

第一个周期：输入端子信号还未进入映像区，I0.0 输入映像寄存器中的状态为"OFF"，所有输出 Q0.1、Q0.2、Q0.3 均为"OFF"。

第二个周期：在输入采样阶段，I0.0 输入信号进入映像区，I0.0 输入映像寄存器中的状态变为"ON"。由于先扫描到 Q0.2 时，Q0.2 尚处在断开状态，所以 Q0.2 ="OFF"；而在第二个周期中，Q0.1 在输出映像寄存器中的状态在程序执行后变为"ON"，所以，后扫描的 Q0.3 在其输出映像寄存器中的状态也变为"ON"。这样，第二个周期的结果为：输出端子 Q0.2 ="OFF"，Q0.1 = Q0.3 ="ON"。

第三个周期：由于 Q0.1 在其输出映像寄存器中的状态已为"ON"，此时 Q0.2 才能接通为"ON"。显然，Q0.2 的响应滞后 Q0.3 一个扫描周期，在输入条件为"ON"时，

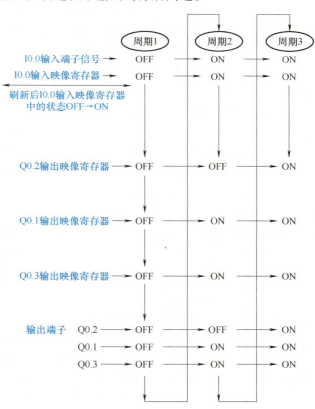

图 1-29　扫描周期示意图

Q0.2 的输出延迟响应。若在梯形图中，将 Q0.2 和 Q0.3 互换位置，则执行结果使 Q0.3 的响应滞后于 Q0.2 一个扫描周期。

实际上，输入输出滞后现象除了与上述 PLC 的"集中输入刷新，顺序扫描工作方式"有关，还与输入滤波器的时间常数以及输出继电器机械滞后有关。对于一般工业控制设备，这些滞后现象是完全允许的。但对于有些设备，需要 I/O 迅速响应的，则应采用快速响应模块、高速计数模块及中断处理，并且编制程序应尽量简捷，选择扫描速度快的 PLC 机型，从而减少滞后时间。

1.3.2 S7-1200 控制器的用户程序执行

为了使用户生成高效的用户程序结构，S7-1200 控制器 CPU 支持如下类型的程序代码：

1）组织块（OB）定义程序的结构。有些 OB 具有预定义的行为和启动事件，但用户也可以创建具有自定义启动事件的 OB。

2）功能（FC）和功能块（FB）包含与特定任务或参数组合相对应的程序代码。每个 FC 或 FB 都提供一组输入和输出参数，用于与调用模块共享数据。FB 还使用相关联的数据块（又称为背景数据块）来保存该 FB 调用实例的数据值。可以多次调用 FB，每次调用都采用唯一的背景数据块。调用带有不同背景数据块的同一 FB 不会对其他任何背景数据块的数据值产生影响。

3）数据块（DB）存储可能被用户程序使用到的数据。

用户程序、数据及组态的大小受 CPU 中可用装载存储器和工作存储器的限制。对各个 OB、FC、FB 和 DB 块的数目没有特殊限制。但是块的总数限制在 1024 块之内。

1. S7-1200 控制器 CPU 的工作模式

CPU 有三种工作模式：STOP 模式、STARTUP 模式和 RUN 模式。CPU 前面的状态 LED 指示当前工作模式。

1）在 STOP 模式下，CPU 不执行任何程序，而用户可以下载项目。RUN/STOP LED 为黄色常亮。

2）在 STARTUP 模式下，CPU 会执行任何启动逻辑（如果存在）。在启动模式下，CPU 不会处理中断事件。RUN/STOP LED 为绿色和黄色交替闪烁。

3）在 RUN 模式下，扫描周期重复执行。在程序循环阶段的任何时刻都可能发生中断事件，CPU 也可以随时处理这些中断事件。用户可以在 RUN 模式下下载项目的某些部分。RUN/STOP LED 为绿色常亮。

2. 西门子 S7-1200 控制器每个扫描周期均执行的任务

每个扫描周期都包括写入输出、读取输入、执行用户程序指令以及执行系统维护或后台处理。该周期称为扫描周期或扫描。

在默认条件下，所有数字和模拟 I/O 点都通过内部存储区（即过程映像）与扫描周期进行同步更新。过程映像包含 CPU、信号板和信号模块上的物理输入和输出的快照。

1）CPU 仅在用户程序执行前读取物理输入，并将输入值存储在过程映像输入区。这样可确保这些值在整个用户指令执行过程中保持一致。

2）CPU 执行用户指令逻辑，并更新过程映像输出区中的输出值，而不是写入实际的物理输出。

3）执行完用户程序后，CPU 将所生成的输出从过程映像输出区写入到物理输出。

这一过程通过在给定周期内执行用户指令而提供一致的逻辑，并防止物理输出点可能在过程映像输出区中多次改变状态而出现抖动，如图 1-30 所示。

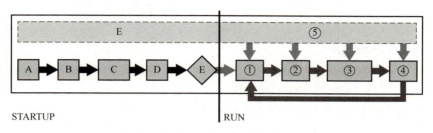

图 1-30　CPU 运行执行过程

STARTUP 模式下：

A　清除 I（图像）存储区

B　使用组态的零，最后一个值或替换值初始化 Q；输出（图像）存储区，并将 PB、PN 和 AS-i 输出归零

C　将非保持型 M 存储器和数据块初始化为初始值，并启用组态的循环中断和时间事件；执行启动 OB

D　将物理输入的状态复制到 I 存储器

E　将所有中断事件存储到要在进入 RUN 模式后处理的队列中

F　启用将 Q 存储器写入到物理输出

RUN 模式下：

① 将 Q 存储器写入物理输出

② 将物理输入的状态复制到 I 存储器

③执行程序循环 OB

④执行自检诊断

⑤在扫描周期的任何阶段处理中断和通信

可通过将模块从 I/O 的自动更新中删除来更改其默认行为，也可在执行指令时立即读取数字和模拟 I/O 值并将其写入模块。立即读取物理输入并不会更新过程映像输入区。立即写入物理输出会同时更新过程映像输出区和物理输出点。

1.3.3　S7-1200 控制器的数据存储、存储区、I/O 和寻址

1. S7-1200 PLC 的存储数据

西门子编程软件 STEP 7 简化了符号编程。用户为数据地址创建符号名称或"变量"，作为与存储器地址和 I/O 点相关的 PLC 变量或在代码块中使用的局部变量。要在用户程序中使用这些变量，只需输入指令参数的变量名称。CPU 提供了以下几个选项，用于在执行用户程序期间存储数据：

（1）全局储存器　CPU 提供了各种专用存储区，其中包括输入（I）、输出（Q）和位存储器（M）。所有代码块可以无限制地访问该储存器。

（2）PLC 变量表　在 STEP 7 PLC 变量表中，可以输入特定存储单元的符号名称。这些变量在 STEP 7 程序中为全局变量，允许用户使用应用程序中有具体含义的名称进行命名。

（3）数据块（DB）　可在用户程序中加入 DB 以存储代码块的数据。从相关代码块开始

执行一直到结束，存储的数据始终存在。"全局"DB 存储所有代码块均可使用的数据，而背景 DB 存储特定 FB 的数据并且由 FB 的参数进行构造。

（4）临时存储器　只要调用代码块，CPU 的操作系统就会分配要在执行块期间使用的临时或本地存储器（L）。代码块执行完成后，CPU 将重新分配本地存储器，以用于执行其他代码块。

2. S7-1200 PLC 存储区

每个存储单元都有唯一的地址。用户程序利用这些地址访问存储单元中的信息，见表 1-11。对输入（I）或输出（Q）存储区（例如：I0.3 或 Q1.7）的引用会访问过程映像。要立即访问物理输入或输出，应在引用后面添加"：P"（例如，I0.3：P、Q1.7：P 或"Stop：P"）。

表 1-11　存储区

存储区	说　明	强制	保持性
I 过程映像输入	在扫描周期开始时从物理输入复制	无	无
I_：P（物理输入）	立即读取 CPU、SB 和 SM 上的物理输入点	支持	无
Q 过程映像输出	在扫描周期开始时复制到物理输出	无	无
Q_：P（物理输出）	立即写入 CPU、SB 和 SM 上的物理输出点	支持	无
M 位存储器	控制和数据存储器	无	支持（可选）
L 临时存储器	存储块的临时数据，这些数据仅在该块的本地范围内有效	无	无
DB 数据块	数据存储器，同时也是 FB 的参数存储器	无	是（可选）

3. S7-1200 支持的数据类型

数据类型用于指定数据元素的大小以及如何解释数据。每个指令参数至少支持一种数据类型，而有些参数支持多种数据类型。将光标停在指令的参数域上方，便可看到给定参数所支持的数据类型。S7-1200 PLC 支持的常用数据类型见表 1-12。

表 1-12　S7-1200 支持的常用数据类型

数据类型	说　明	举　例
位序列	Bool 是布尔值或位值	I0.0、DB1、DBX0.0
	Byte 是 8 位字节值	MB10、DB1、DBB0
	Word 是 16 位值	QW0、DB1、DBW0
	Dword 是 32 位双字值	ID5、DB1、DBD0
整数	USInt（无符号 8 位整数）和 SInt（有符号 8 位整数）	123、−123
	UInt（无符号 16 位整数）和 Int（有符号 16 位整数）	4567、−4567
	UDInt（无符号 32 位整数）和 DInt（有符号 32 位整数）	4567、−4567
实数	Real 是 32 位实数或浮点值	123.456、−2.34
	Lreal 是 64 位实数或浮点值	123.456、−2.34
日期	Time 是存储毫秒数（从 0 到 24d 20h 31min 23s 647ms）的 32 位 IEC 时间值（与 Dint 类似）	T#1d_2h_15m_30s_45ms
字符和字符串	Char 是 8 位单个字符；String 是长度可达 254 个字符的可变长度字符串	'ABC'

（续）

数据类型	说　明	举　例
数组	Array 包含同一数据类型的多个元素。数组可以在 OB、FC、FB 和 DB 的块接口编辑器中创建。无法在 PLC 变量编辑器中创建数组。Array 数据类型只支持一维数组，用户可以指定下标、上标及数组构成类型	array ［0..100］of byte

访问布尔值地址中的位时，不要输入大小的助记符号。仅需输入数据的存储区、字节位置和位位置，如图 1-31 所示。图中 M3.4 表示存储区和字节地址（M 代表位存储区，3 代表 Byte3），通过后面的句点（"."）与位地址（位 4）分隔。

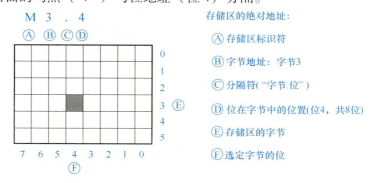

图 1-31　布尔值地址位

1.3.4　TIA Portal 软件简述

TIA（Totally Integrated Automation，全集成自动化）Portal 为博途软件，在一个软件应用程序中集成了各种 SIMATIC 产品，使用这一软件可以提高生产力和效率。TIA 产品在 TIA Portal 中协同工作，能够在创建自动化解决方案所需的各个方面为用户提供支持，使用户能够通过高效的配置快速直观地执行自动化和驱动任务。它为控制器 PLC、人机接口（HMI）和驱动器，以及共享数据存储和一致性提供了标准化的操作概念，例如在配置、通信和诊断过程中，以及为所有自动化对象提供强大的库。除了 PLM（产品生命周期管理）和 MES（制造执行系统）在数字企业软件套件中，TIA Portal 还补充了西门子公司在通往工业 4.0 的道路上提供的整体软件。

TIA Portal 中包括控制器编程和组态软件 STEP 7、设计和执行运行过程可视化的 WinCC，以及 WinCC 和 STEP 7 的在线帮助。STEP 7 软件提供了一个友好的用户环境，供用户开发、编辑和监视控制应用所需的逻辑，其中包括用于管理和组态项目中所有设备（例如控制器和 HMI 等设备）的工具，如图 1-32 所示。

1. S7-1200 的编程语言

STEP 7 为 S7-1200 提供了标准编程语言，用于方便高效地开发适合用户具体应用的控制程序。

1）LAD（梯形图逻辑）是一种图形编程语言。它使用基于电路图的表示法。电路图的元件（如常闭触点、常开触点和线圈）相互连接构成程序段，如图 1-33 所示。

注意：每个 LAD 程序段都必须使用线圈或功能框指令来终止。

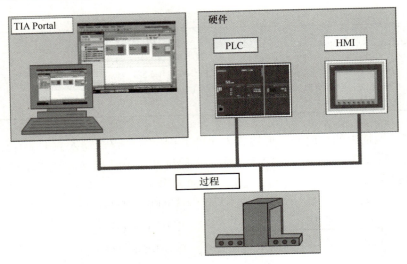

图 1-32　TIA Portal 控制过程

图 1-33　梯形图

2）FBD（功能块图）是基于布尔代数中使用的图形逻辑符号的编程语言，如图 1-34 所示。

3）SCL（结构化控制语言）是一种基于文本的高级编程语言。SCL 支持 STEP 7 的块结构，还可以将用 LAD 和

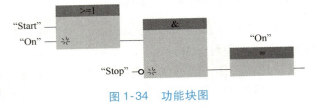

图 1-34　功能块图

FBD 编写的程序块包括在用 SCL 编写的程序块中，例如：

"C"：=#A + #B;	将两个局部变量的和赋给一个变量
"Data_block_1"．Tag：=#A;	为数据块变量赋值
IF #A > #B THEN "C"：=#A;	IF－THEN 语句的条件
"C"：= SQRT(SQR(#A) + SQR(#B));	SQRT 指令的参数

SCL 指令使用标准编程运算符，例如，用"：="表示赋值，算术功能（＋表示相加，－表示相减，＊表示相乘，/表示相除）。SCL 使用标准 PASCAL 程序控制操作，如 IF-THEN-ELSE、CASE、REPEAT-UNTIL、GOTO 和 RETURN。许多 SCL 的其他指令（如定时器和计数器）与 LAD 和 FBD 指令匹配。由于 SCL 能像 PASCAL 一样提供条件处理、循环和嵌套控制结构，因此在 SCL 中可以比在 LAD 或 FBD 中更轻松地实现复杂的算法。

2. TIA Portal V15 系统配置

TIA Portal V15 是一款由西门子打造的全集成自动化编程软件，多用于 PLC 编程与仿真操

作，新版本增强了性能，提高了兼容性，完美支持 Windows 10 操作系统，增强了对 SIMATIC
S7-1200、S7-1500、S7-300/400 和 WinCC 控制器的支持，支持简体中文、英文等多种语言。

TIA Portal V15 系统配置要求见表 1-13。

表 1-13　TIA Portal V15 系统配置要求

硬　件	要　求
处理器	Core™ i5-3320M 3.3 GHz 或者更高版本
RAM	8GB 以上
硬盘	300 GB SSD
图形卡	32MB RAM　24 位颜色深度
屏幕分辨率	最小 1920 × 1080
网络	对于 STEP 7 和 CPU 之间的通信，10Mbit/s 以太网或更快
光盘驱动器	DVD- ROM

博途的每个软件都可以单独运行，所以安装没有先后顺序，需要哪个就安装哪个。注意：安装任何一款博途平台上的软件都会安装博途平台和授权管理器。

3. 视图界面

STEP 7 提供了一个友好的用户环境，供用户开发控制器逻辑、组态 HMI 可视化和设置网络通信。为帮助用户提高生产率，在自动化项目中 STEP 7 提供了不同的视图，如：门户视图、项目视图和库视图。只需通过单击就可以切换视图界面。

（1）门户视图（Portal 视图）　根据工具功能组织的面向任务的门户集，为用户提供了面向任务的工具视图。在此处，可以快速确定要执行什么操作并为当前任务调用工具。如有必要，该界面会针对所选任务自动切换为项目视图，如图 1-35 所示。

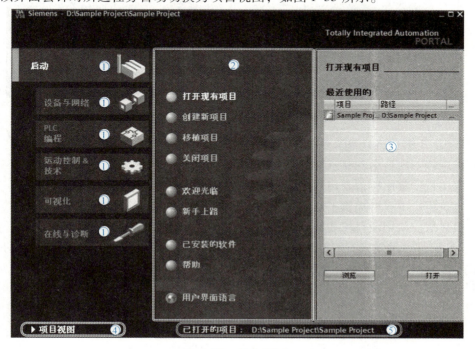

图 1-35　门户视图

门户视图中各组件的功能如下：

① 不同任务的登录选项，登录选项为各个任务区提供了基本功能。

② 所选登录选项对应的操作，此处提供了在所选登录选项中可使用的操作。可在每个登录选项中调用与上下文相关的帮助功能。

③ 所选操作的选择面板，所有登录选项中都提供了选择面板。该面板的内容取决于当前的选择。

④ 切换到项目视图，可以使用"项目视图"链接切换到项目视图。

⑤ 当前打开的项目的显示区域，在此处可了解当前打开的是哪个项目。

（2）项目视图　项目中各元素组成的面向项目的可视化视图，如图1-36所示。

图1-36　项目视图

项目视图中各组件功能介绍如下：

① 标题栏：项目名称显示在标题栏中。

② 菜单栏：菜单栏包含用户工作所需的全部命令。

③ 工具栏：工具栏提供了常用命令的按钮，可以更快地访问这些命令。

④ 项目树：使用项目树功能可以访问所有组件和项目数据。可在项目树中执行的任务有：添加新组件，编辑现有组件，扫描和修改现有组件的属性。可以通过鼠标或键盘输入指定对象的第一个字母，选择项目树中的各个对象。如果有多个对象的首字母相同，则将选择低一级的对象。为了便于用户通过输入首字母选择对象，必须在项目树中选中用户界面元素。

⑤ 参考项目：在参考项目（Reference projects）选项板中，除了可以打开当前项目，还可以打开其他项目。这些参考项目均为写保护，因此无法进行编辑。但是，可以通过将参考

项目的对象拖到当前的项目中再进行编辑。此外，还可以将参考项目的对象与当前项目的对象进行比较。

⑥ 详细视图：在详细视图中，将显示总览窗口或项目树中所选对象的特定内容。其中，可包含文本列表或变量。

⑦ 工作区：为进行编辑而打开的对象将显示在工作区内。可以打开若干个对象，但通常每次在工作区中只能看到其中一个对象。在编辑器栏中，所有其他对象均显示为选项卡。如果在执行某些任务时要同时查看两个对象，则可以水平或垂直方式平铺工作区，或浮动停靠工作区的元素。如果没有打开任何对象，则工作区是空的。

⑧ 分隔线：分隔线用于分隔程序界面的各个组件。可使用分隔线上的箭头显示和隐藏用户界面的相邻部分。

⑨ 巡视窗口：有关所选对象或所执行操作的附加信息均显示在巡视窗口中。

⑩ 切换到 Portal 视图：可以使用"Portal"视图链接切换到门户视图。

⑪ 编辑器栏：编辑器栏中将显示打开的编辑器，从而在已打开元素间进行快速切换。如果打开的编辑器数量非常多，则可对类型相同的编辑器进行分组显示。

⑫ 带有进度显示的状态栏：将显示当前正在后台运行的过程的进度条。其中还包括一个图形方式显示的进度条。将鼠标指针放置在进度条上，系统将显示一个工具提示，描述正在后台运行的过程的其他信息。单击进度条边上的按钮，可以取消后台正在运行的过程。如果当前没有任何过程在后台运行，则状态栏中显示最新生成的报警。

⑬ 任务卡：根据所编辑对象或所选对象，提供了用于执行附加操作的任务卡。在屏幕右侧的条形栏中可以找到可用的任务卡。可以随时折叠和重新打开这些任务卡。哪些任务卡可用取决于所安装的产品。比较复杂的任务卡会划分为多个窗格，这些窗格也可以折叠和重新打开。

由于这些组件组织在一个视图中，所以用户可以方便地访问项目的各个方面。

工作区由 3 个选项卡形式的视图组成：设备视图，显示已添加或已选择的设备及其相关模块；网络视图，显示网络中的 CPU 和网络连接；拓扑视图，显示网络的 PROFINET 拓扑，包括设备、无源组件、端口、互连及端口诊断。

每个视图还可用于执行组态任务。巡视窗口显示用户在工作区中所选对象的属性和信息。当用户选择不同的对象时，巡视窗口会显示用户可组态的属性。巡视窗口包含用户可用于查看诊断信息和其他消息的选项卡。

编辑器栏会显示所有打开的编辑器，从而帮助用户更快速和高效地工作。要在打开的编辑器之间切换，只需单击不同的编辑器，还可以将两个编辑器垂直或水平排列在一起显示。通过该功能可以在编辑器之间进行拖放操作。

为帮助用户快速方便地执行任务，STEP 7 允许用户将元素从一个编辑器拖放到另一个编辑器中，如图 1-37 所示。例如，可以将 CPU

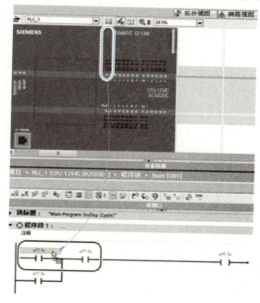

图 1-37　编辑器间元素的拖放

的输入拖动到用户程序中指令的地址上。必须放大至少200%才能选中CPU的输入或输出。应注意的是，变量名称不仅会在PLC变量表中显示，还会在CPU上显示。

> **任务实施**

1.3.5 TIA Portal V15 软件操作

视频2

1. TIA Portal 软件创建项目的基本步骤

TIA Portal 可用来帮助创建自动化解决方案，如图1-38所示项目创建的基本步骤。

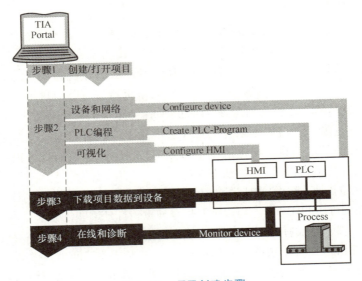

图1-38 项目创建步骤

1）创建项目。

2）配置硬件。

3）设备组网。

4）对PLC编程。

5）组态可视化操作界面。

6）加载组态数据。

7）使用在线和诊断功能。

TIA Portal 有以下优点：

1）公共数据管理。

2）易于处理程序、组态数据和可视化数据。

3）可使用拖放操作轻松编辑。

4）易于将数据加载到设备。

5）易于操作。

6）支持图形组态和诊断。

2. 启动和退出 TIA Portal

（1）启动 TIA Portal

1）在 Windows 中，选择"开始"→"所有程序"→"Siemens Automation"→"TIA Portal V15"（"Start"→"All Programs"→"Siemens Automation"→"TIA Portal V15"）。

2）双击桌面上的 TIA Portal V15 图标。

注意：TIA Portal 打开时将使用上一次的设置。

（2）退出 TIA Portal 在"项目"（Project）菜单中，选择"退出"（Exit）命令。如果该项目包含任何尚未保存的更改，则系统会询问是否保存这些更改。

1）选择"是"（Yes），则保存当前项目中的更改，然后关闭 TIA Portal。

2）选择"否"（No），仅关闭 TIA Portal 而不保存项目中最近的更改。

3）选择"取消"（Cancel），则取消关闭过程。如果选择此选项，则 TIA Portal 仍将保持打开。

3. 创建项目

打开 TIA Portal V15 的图标稍等片刻，进入第一个画面门户视图，如图 1-39 所示。用户可以在左侧区域很清楚地看到创建项目的整个流程，中间启动（开始）中有打开现有项目、创建新项目、移植项目和关闭项目等，用户可以根据需要操作的任务进行选择。

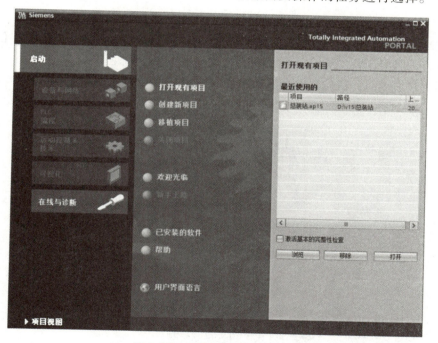

图 1-39 门户视图的启动画面

下面以创建一个新项目为例，跟随 TIA Portal 软件"新手上路"一步一步进行操作，当然之后的操作步骤顺序不是固定不变的，可以根据任务要求进行操作。

在"开始"（Start）门户中，单击"创建新项目"（Create new project）任务。在右侧选择面板中填入相应内容，例如项目名称、路径、版本、作者和注释等，并单击"创建"（Create）按钮，如图 1-40 所示。

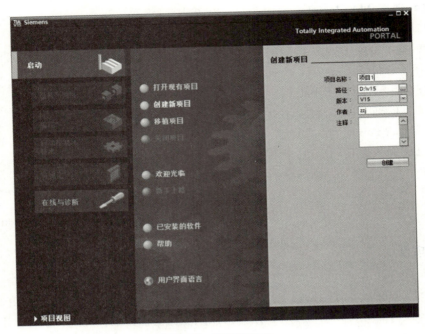

图1-40　创建新项目

内容都填写完毕后单击"创建"按钮，会出现"正在创建项目…"画面等待创建完成。如果认为创建内容有问题，可以单击"取消"按钮，取消所创建项目。

创建新项目完成后，博途软件会进入"新手上路"任务，按照图1-41可以一步一步地进行下去。

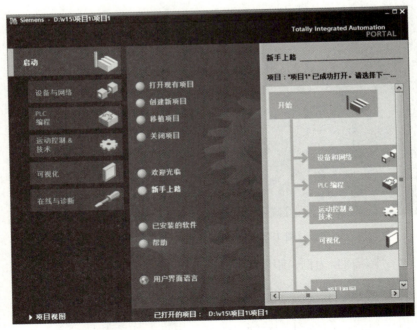

图1-41　"新手上路"

4. 配置硬件

创建项目后，选择"设备与网络"（Devices &Networks）门户。单击"添加新设备"（Add new device）任务，如图1-42所示。选择要添加到项目中的控制器CPU：

1）在"添加新设备"（Add new device）对话框中，单击"控制器"按钮。

2）从列表中选择需要使用的CPU，例如：SIMATIC S7-1200 CPU 1214C DC/DC/DC。在设备区域将显示所选设备的订货号、版本、说明等具体信息。

3）单击"添加"（Add）按钮，将所选CPU添加到项目中。

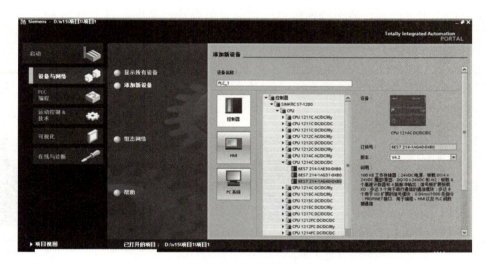

图1-42 添加新设备

注意："打开设备视图"（Open device view）选项已被选中。在该选项被选中的情况下单击"添加"（Add）将打开项目视图的"设备配置"（Device configuration），在设备视图中显示所添加的CPU，如图1-43所示。

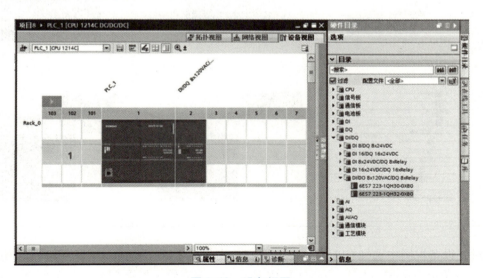

图1-43 设备视图

设备视图中各部分硬件如下：

① 通信模板（CM）：最多可组态 3 个，模板号为 101、102、103。

② CPU：槽号 1。

③ 信号模板（SB）：最多为 1 个，插入到 CPU 上。

④ 以太网接口：双击此图标可显示此接口的属性。

⑤ 信号模块（SM）：槽号为 2~9，最多 8 个。

要将模块插入到设备组态中，可在硬件目录中选择模块，然后双击该模块或将其拖放到高亮显示的插槽中。注意：必须将模块添加到设备组态并将硬件配置下载到 CPU 中，模块才能正常工作，见表 1-14。

表 1-14　将模块添加到设备组态中

模　　块	选 择 模 块	插 入 模 块	结　　果
SM	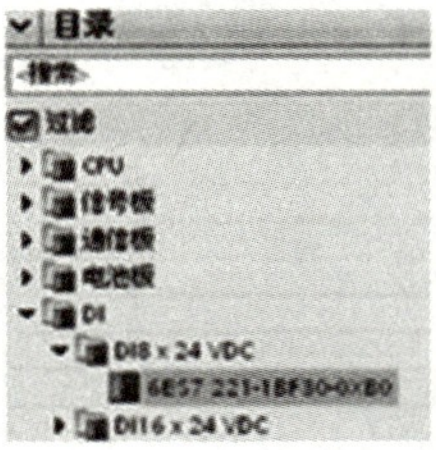	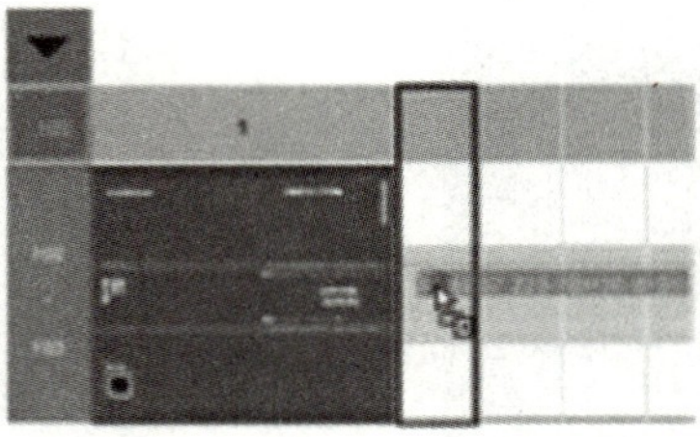	
SB、BB 或 CB	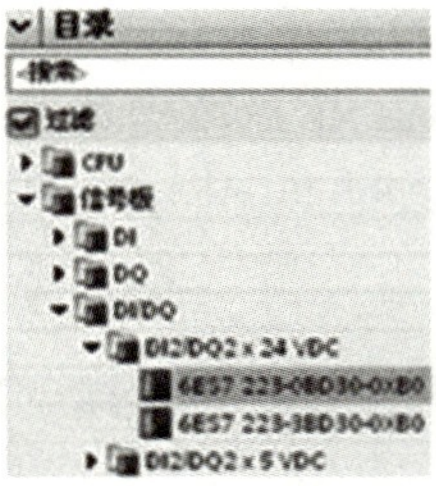	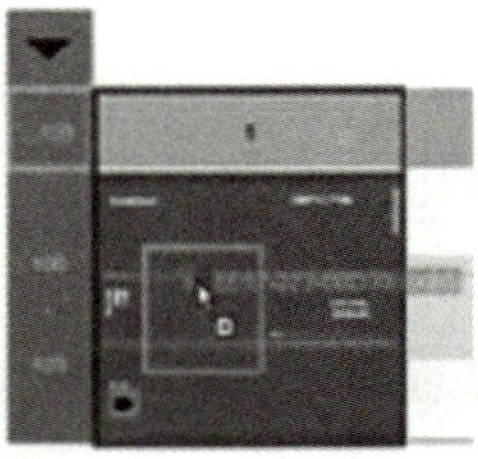	
CM 或 CP	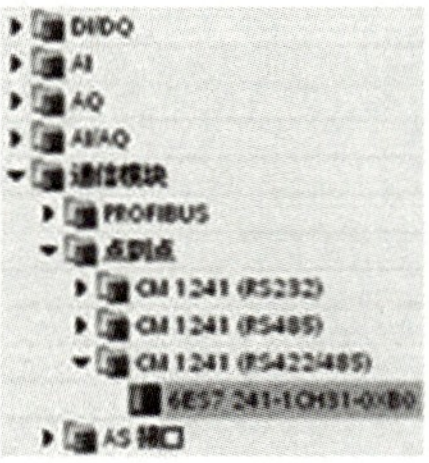	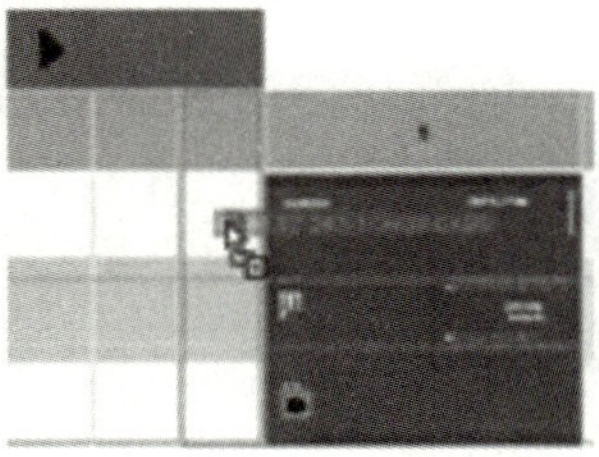	

通过在设备视图中选择 CPU，可在巡视窗口中显示 CPU 的属性。CPU 不具有预组态的 IP 地址。设备组态必须为 CPU 手动分配 IP 地址及子网掩码。如果 CPU 连接到网络上的路由器，则也应输入路由器的 IP 地址，如图 1-44 所示。

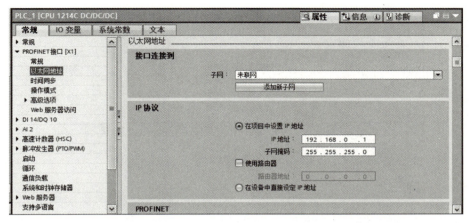

图 1-44 以太网地址设置

每个 S7-1200 CPU 都拥有一个唯一的 MAC 地址，此地址印制在 CPU 的以太网接口上，用户可以根据此地址来区分网络上的多个 CPU，并且无法修改此地址。相对于 MAC 地址，用户可以为每个 CPU 分配 IP 地址，当 CPU 被复位至出厂值时，可以选择是否保留 IP 地址。

注意：由于 S7-1200 CPU 的所有在线功能（上载/下载/诊断等），都是通过以太网接口完成的，所以此接口的 IP 地址设置非常重要，CPU 所组态 IP 地址必须要与计算机 IP 地址处于同一个子网，例如：CPU 的 IP 地址为 192.168.0.1（子网掩码为 255.255.255.0），计算机 IP 地址为 192.168.0.10（子网掩码为 255.255.255.0），对于以太网基础知识用户可参考相关资料。

5. 为控制器 CPU 的 I/O 创建变量

"PLC 变量"是 I/O 和地址的符号名称。用户创建 PLC 变量后，STEP 7 会将变量存储在变量表中。项目中的所有编辑器（例如程序编辑器、设备编辑器、可视化编辑器和监视表格编辑器）均可访问该变量表。若设备编辑器已打开，可打开变量表。用户可在在编辑器栏中看到已打开的编辑器，如图 1-45 所示。

图 1-45 PLC 变量表

在工具栏中，单击"水平拆分编辑器空间"（Split editor space horizontally）按钮，STEP 7 将同时显示变量表和设备编辑器，如图 1-46 所示。

将设备配置放大 200% 以上，以便能清楚地查看并选择 CPU 的 I/O 点。将输入和输出从 CPU 拖动到变量表中，如图 1-47 所示。

① 选择 I0.0 并将其拖动到变量表的第一行。

② 将变量名称从"I0.0"更改为"start"。

③ 将 I0.1 拖动到变量表，并将名称更改为"stop"。

④ 将 CPU 底部的 Q0.0 拖动到变量表，并将名称更改为"running"。

将变量输入 PLC 变量表之后，即可在用户程序中使用这些变量了。

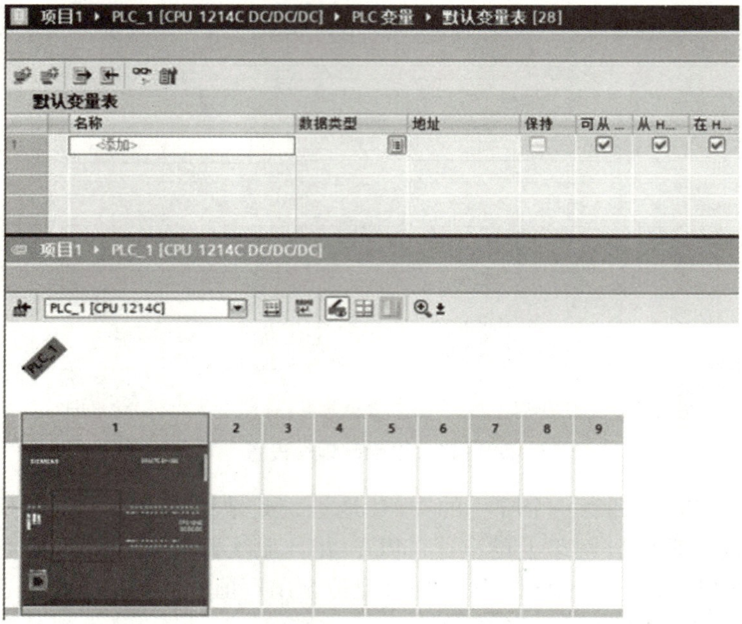

图 1-46　水平拆分编辑器

图 1-47　创建变量

6. 在用户程序中创建一个简单程序段

　　程序代码由 CPU 依次执行的指令组成。在本实例中，用户可以使用梯形图（LAD）创建程序代码。梯形图程序是一系列类似电路图的程序段，如图 1-48 所示。

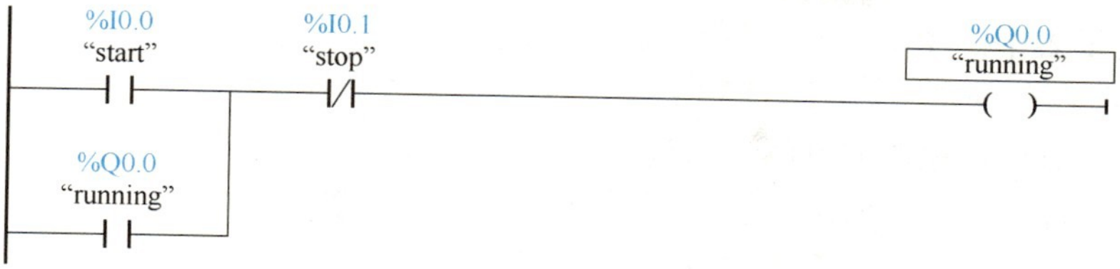

```
   %I0.0          %I0.1                                    %Q0.0
  "start"        "stop"                                   "running"
 ──┤ ├──┬──────┤/├──────                          ──────────( )──────
         │
   %Q0.0 │
  "running"│
 ──┤ ├────┘
```

图 1-48　梯形图程序

要打开程序编辑器，可按以下步骤操作：

1）在项目树中展开"程序块"（Program blocks）文件夹以显示"Main［OB1］"块。双击"Main［OB1］"块，程序编辑器将打开程序块（OB1），如图 1-49 所示。

图 1-49　打开 Main［OB1］

2）单击"收藏夹"（Favorites）上的"常开触点"按钮向程序段添加一个触点，如图 1-50 所示。还可以继续单击并添加"常闭触点"。

单击"输出线圈"（Output coil）按钮插入一个线圈，如图 1-51 所示。

图 1-50　添加常开触点

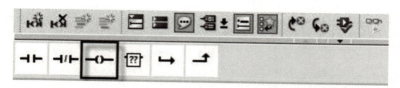

图 1-51　添加线圈

在第二行添加一个常开触点，拖动触点连接线并联到上一个常开触点，如图 1-52 所示。

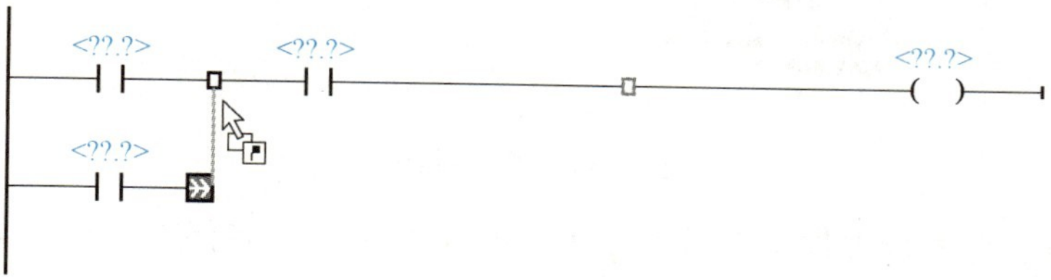

```
        <??.?>         <??.?>                              <??.?>
      ──┤ ├──□──────┤ ├──────□───────────────────( )──────
        <??.?>
      ──┤ ├──»
```

图 1-52　触点拖动

3）使用变量表中的 PLC 变量对指令进行寻址。使用变量表，用户可以快速输入对应触点和线圈地址的 PLC 变量，如图 1-53 所示。

① 双击第一个常开触点上方的默认地址 < ?? . ? >。

② 单击地址右侧的选择器图标，可以打开变量表中的变量。

③ 从下拉列表中，为第一个触点选择 "start"。

④ 对于第二个触点，重复上述步骤并选择变量 "stop"。

⑤ 对于线圈和锁存触点，选择变量 "running"。

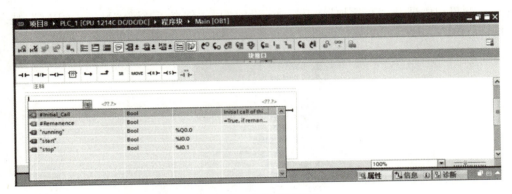

图 1-53　直接选择变量

还可以直接从 CPU 中拖动 I/O 地址。为此，只需拆分项目视图的工作区。必须将 CPU 放大 200% 以上才能选择 I/O 点。可以将 "设备配置"（Device configuration）中 CPU 上的 I/O 拖到程序编辑器的 LAD 指令上，这样不仅会创建指令的地址，还会在 PLC 变量表中创建相应条目。

4）编译。在 STEP 7 中配置完硬件或编辑完程序块，都需要进行编译，用于检查配置错误或语法错误。先在项目树中选择所要编译的 PLC，单击工具栏中的 "编译" 按钮，博途软件就会进行编译，编译完成后，在巡视窗口中的编译视图中就会显示出编译结果，若有错误或警告也会显示出来，如图 1-54 所示。

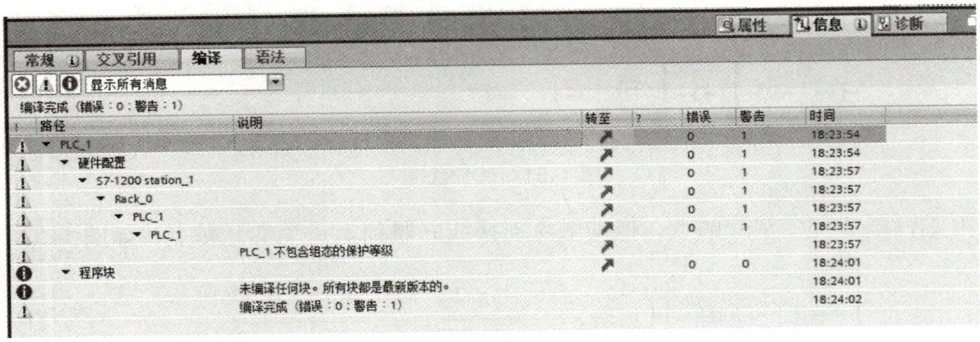

图 1-54　编译视图

5）保存项目。在进行硬件组态或程序编辑时，都应该随时保存项目。要保存项目，只需单击工具栏中的 "保存项目"（Save project）按钮即可。

7. 下载项目数据到设备

将下载到设备的项目数据分为硬件部分和软件部分：硬件项目数据部分包括硬件的配置、网络和连接；软件项目数据部分包括用户程序的块。

根据设备的不同，下载选项包括硬件配置、软件（所有的块）和全部（所有硬件和软件的项目数据）。

根据安装的范围可以下载个别的对象、文件夹或完整的设备。具体下载方法如下：

① 在项目树中选中下载项目数据，如图 1-55 所示选中整个 PLC_1 CPU 项目，将下载设备组态和该设备中所有用户程序块。

② 单击工具栏中的"下载"（Download）按钮。对于已选择的设备或对象，如果没有编译，那么在下载之前系统将自动进行编译。弹出"扩展的下载到设备"对话框，如图 1-56 所示。

图 1-55　选择下载项目

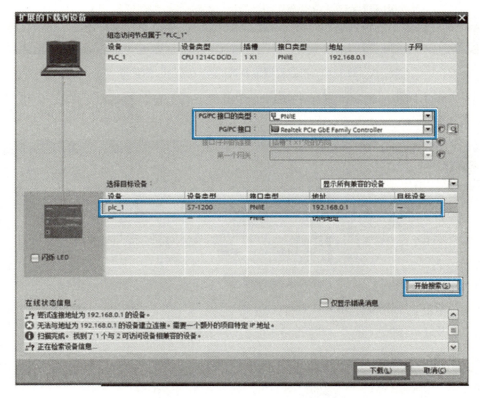

图 1-56　"扩展的下载到设备"对话框

可以单击选择框后的下拉按钮选择合适的 PG/PC 接口类型（例如 PN/IE）、PG/PC 接口（选择网络连接所使用的网卡）。

单击"开始搜索"按钮后，就会显示已经连接的所有兼容的设备，找到所需要下载的设备（PLC_1）选中后，就可以看到 PC 与 PLC 连接起来了，勾选闪烁 LED 后，硬件

S7-1200 的连接指示灯就开始闪烁，说明网线连接成功。

单击"下载"按钮，弹出"装载到设备前的软件同步"对话框，如图 1-57 所示。

图 1-57 "装载到设备前的软件同步"对话框

单击"在不同步的情况下继续"按钮，弹出"下载预览"对话框，如图 1-58 所示。单击"装载"按钮。

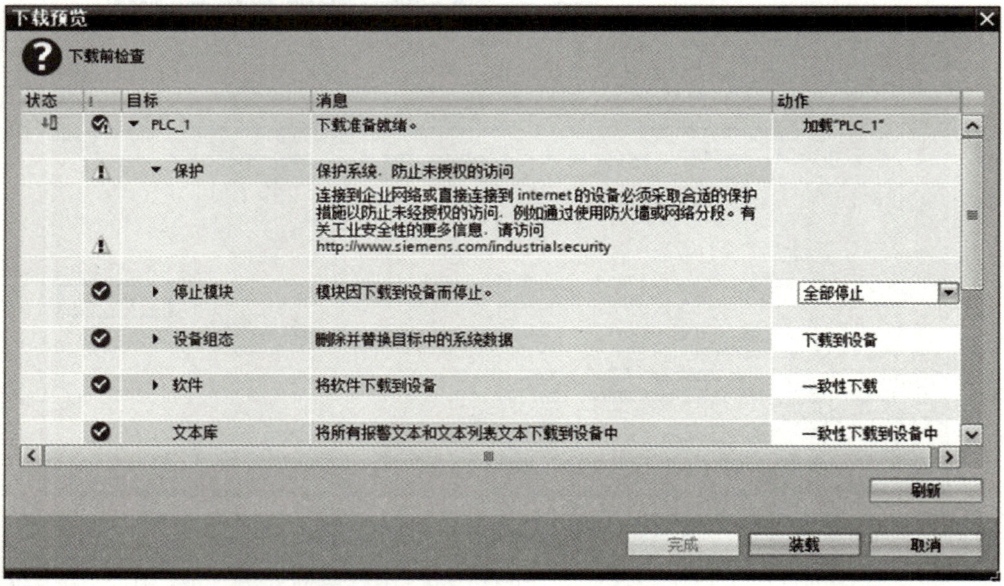

图 1-58 "下载预览"对话框

等待下载完成，软件会弹出"下载结果"对话框，如图 1-59 所示。单击"完成"按钮，设备硬件组态及软件程序就下载至 S7-1200 PLC 了。

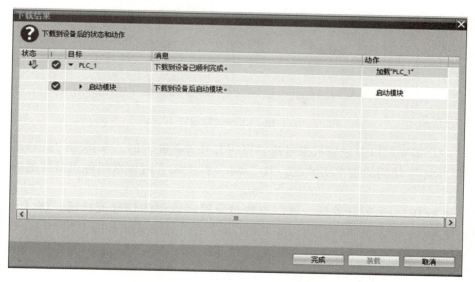

图1-59 "下载结果"对话框

8. 在线监视设备运行调试

在线模式，在编程设备/PC、一个或多个设备之间建立在线连接。建立在线连接后就可装载程序和配置数据到设备，同样也可以进行以下操作：

① 测试用户程序。

② 显示和改变CPU的操作模式。

③ 显示和设置CPU的日期和时间。

④ 显示模块信息。

单击工具栏中"转至在线"按钮，项目树中就会显示在线连接情况，如图1-60所示。如果都显示为绿色说明在线连接正确，如果有硬件设置或其他问题，就会在相应位置显示黄色警告或红色错误。

在线连接完成后，就可以运行用户程序了，单击工具栏中"运行"按钮，弹出"运行"对话框（RUN），如图1-61所示，单击"确定"按钮后，S7-1200 PLC就进入运行模式了。

图1-60 在线显示状态

图1-61 RUN切换对话框

单击工具栏中"监控"按钮，在工作区打开的用户程序块OB1梯形图程序就会显示运行状态，如图1-62所示。

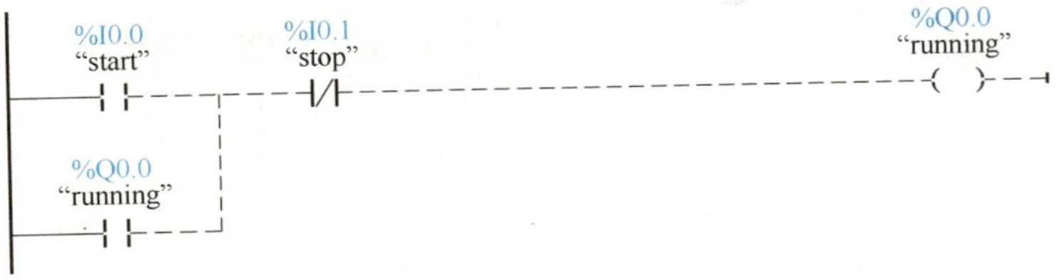

图 1-62　电路监控运行 1

图中 LAD 编辑器以绿色显示信号流。当所有开关都断开时，未接通的信号流为蓝色虚线。注意"stop"使用的是常闭触点，当"stop"开关断开时该常闭触点是接通的，显示为绿色。

当接通 I0.0 "start"开关后，可以监视整个程序段中的信号流接通，Q0.0 "running"线圈得电变为绿色。断开 I0.0，可以查看锁存电路的工作方式，如图 1-63 所示。

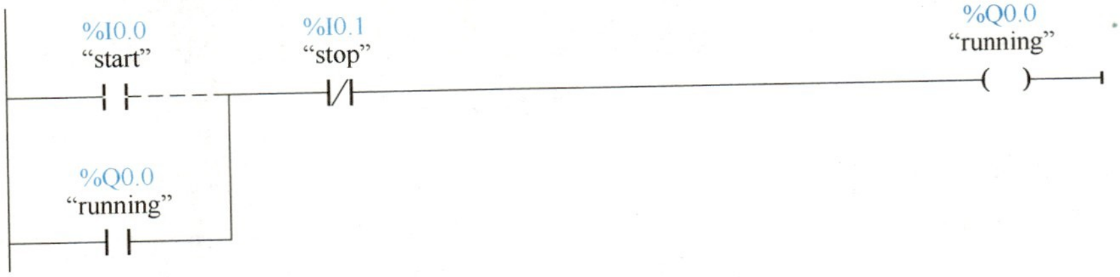

图 1-63　电路监控运行 2

示例用户程序的调试运行情况，见表 1-15。

表 1-15　示例用户程序调试运行情况

序号	动 作 描 述	开 关 状 态	S7-1200 PLC I/O 运行指示
1	接通"start"（I0.0）；"running"（Q0.0）的状态 LED 将点亮	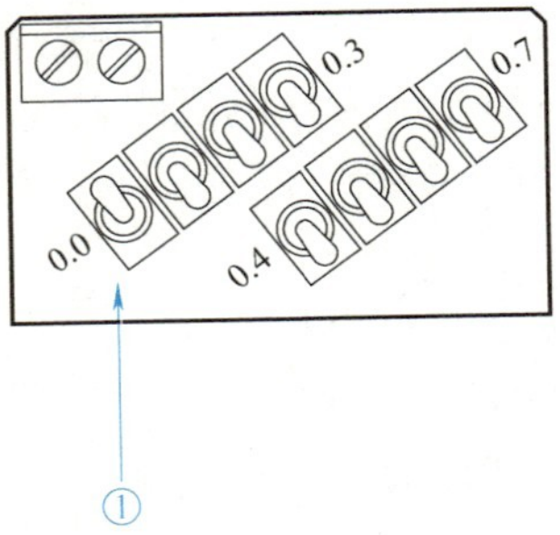	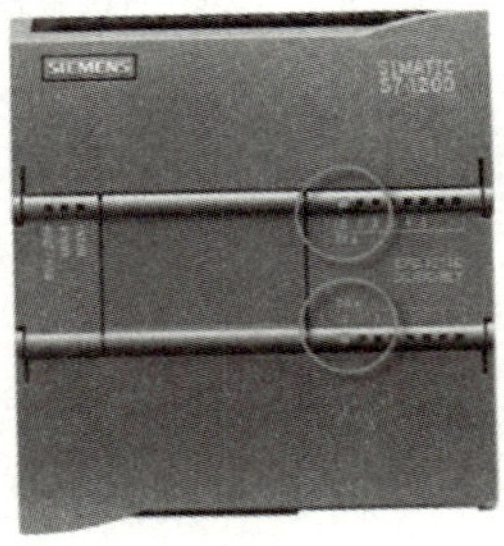
2	断开"start"（I0.0）开关，"start"（I0.0）的状态 LED 将熄灭；"running"（Q0.0）的状态 LED 仍保持点亮	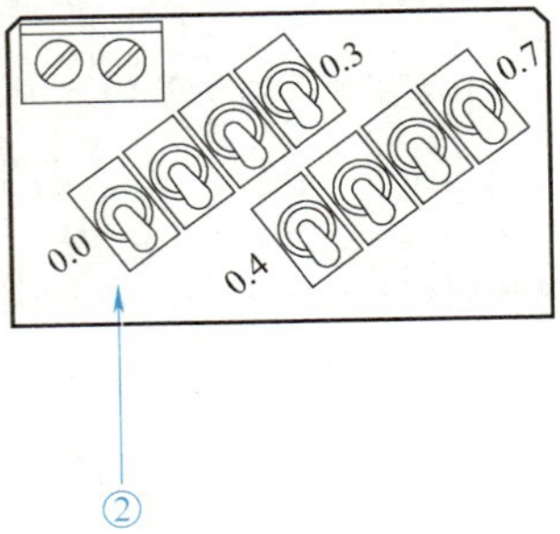	

（续）

序号	动 作 描 述	开 关 状 态	S7-1200 PLC I/O 运行指示
3	接通"stop"（I0.1）开关，"stop"（I0.1）的状态 LED 将点亮；同时"running"（Q0.0）的状态 LED 将熄灭		

> ➤ **思考与练习**

   1. 简述 PLC 的基本工作原理。

   2. 简述 S7-1200 PLC 的用户执行过程。

   3. S7-1200 PLC 的工作模式有哪些？

   4. S7-1200 PLC 提供几种数据存储模式？

   5. S7-1200 PLC 支持的数据类型有哪些？

   6. 上网查阅 S7-1200 PLC 产品手册等资料。

   7. 学习使用博途软件帮助信息文件。

模块2

PLC控制三相异步电动机应用

本模块是 PLC 技术的基础模块，在认识西门子 S7-1200 PLC 的硬件结构和编程软件的基础上，就可以从设计简单的 PLC 控制三相异步电动机运行入手，步步深入，同时也可以比较 PLC 控制系统与继电器控制系统的区别和联系。以电工国家职业技能标准要求中级工掌握的 PLC 技术的知识点和技能点为标准，主要通过三相异步电动机的各种典型运行控制任务，由简到难逐步进行 PLC 技术的基本指令的学习及应用。

2.1　三相异步电动机点动运行控制

➢ **学习要点**

　　知识点：
　　⊙ 掌握三相异步电动机点动控制原理。
　　⊙ 掌握输入、输出继电器。
　　⊙ 掌握取指令、取反指令和输出指令。
　　技能点：
　　⊙ 熟悉梯形图编程方法。
　　⊙ 会用 S7-1200 PLC 进行电动机点动控制硬件的接线。
　　⊙ 会用 S7-1200 PLC 进行电动机点动控制梯形图程序的编制。
　　⊙ 会进行电动机点动控制运行调试。

➢ **知识学习**

2.1.1　三相异步电动机点动控制原理

　　在电动机控制系统中，因为工作需要，有时按下某一起动按钮，电动机就旋转，当松开这个按钮时，电动机就停转，这种控制方式称为电动机的点动控制。电动机点动控制电路是用按钮和接触器控制电动机的最简单的控制电路，主要用于需要经常起动和停机的机械电气控制中，如机床的快速进给和桥式起重机的控制等。

　　电动机点动控制的电路如图 2-1 所示，分为主电路和控制电路两部分。

　　电动机点动控制的电路的工作过程是：合上电源开关 QF，按下点动按钮 SB（2-3），接触器 KM 的线圈通电，KM 三相主触点闭合，电动机得电运行。当松开点动按钮 SB（2-3）时，KM 线圈断电，KM 三相主触点断开，电动机断电停止运转。

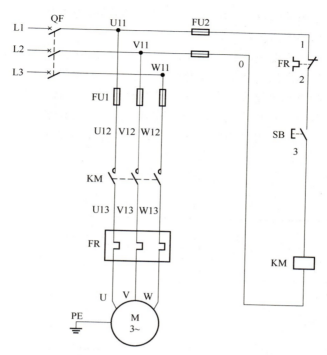

图 2-1　电动机点动控制的电路

2.1.2　输入继电器 I 和输出继电器 Q

1. 输入映像寄存器（输入继电器 I）

输入继电器 I 是 PLC 用来接收用户设备输入信号的接口，其实质是存储单元。它的作用是接收来自现场的控制按钮、行程开关及各种传感器等的输入信号。通过输入继电器，将 PLC 的存储系统与外部输入端子（输入点）建立起明确对应的连接关系。每一个输入继电器线圈都与相应的 PLC 输入端相连，在每个扫描周期的输入采样阶段接收到的由现场送来的输入信号的状态（"1"或"0"），当外部开关信号闭合时，输入继电器的线圈得电，在程序中其动合触点（原称常开触点）闭合，动断触点（原称常闭触点）断开。由于存储单元可以无限次地读取，所以有无数对动合、动断触点供编程时使用。编程时应注意，在用户编制的梯形图中只应出现输入继电器的触点，而不应出现输入继电器的线圈。

输入继电器可采用位、字节、字或双字来存取。一般按"字节.位"的编址方式来读取一个继电器的状态，也可以按字节（8 位）或者按字（2 字节、16 位）来读取相邻一组继电器的状态，见表 2-1。

表 2-1　输入继电器 I 的绝对地址

存 储 单 位	格 式	举 例
位	I［字节地址］.［位地址］	I0.1
字节、字、双字	I［大小］［起始字节地址］	IB4、IW5、ID6

2. 输出映像寄存器（输出继电器 Q）

输出继电器 Q 就是 PLC 存储系统中的输出映像寄存器，它是用来将输出信号传送到负载的接口，其状态可以由输入继电器的触点、其他内部器件的触点，以及它自己的触点来驱动，即它完全是由编程的方式决定其状态。

用户也可以像使用输入继电器触点那样，通过使用输出继电器的触点，无限制地使用输出继电器的状态。输出继电器与其他内部器件的一个显著不同在于，它有一个而且仅有一个实实在在的物理动合触点用来接通负载。这个动合触点可以是有触点的（继电器输出型），或者是无触点的（晶体管输出型或双向晶闸管输出型）。输出继电器 Q 的线圈一般不能直接与梯形图的逻辑母线连接，如果某个线圈确实不需要经过任何编程元件触点的控制，可借助于某个动断触点。

输出继电器可采用位、字节、字或双字来存取，见表 2-2。

表 2-2　输出继电器 Q 的绝对地址

存 储 单 位	格　　式	举　　例
位	Q［字节地址］.［位地址］	Q2. 3
字节、字、双字	Q［大小］［起始字节地址］	QB3、QW10、QD2

2.1.3　触点和线圈指令

西门子 S7-1200 PLC 支持 LAD（梯形图）、FBD（功能块图）和 SCL（结构化控制语言）。使用 LAD 和 FBD 处理布尔逻辑非常高效。SCL 不但非常适合处理复杂的数学计算和项目控制结构，而且也可以使用 SCL 处理布尔逻辑。

1. LAD 触点

在梯形图中常使用像类似电气线路原理图一样的动合触点和动断触点作为条件进行程序运算，代表程序运行时的控制过程，见表 2-3。

表 2-3　动合触点和动断触点

LAD	SCL	说　　明

"IN"
—┤├—
	IF in THEN
	　　Statement；
	ELSE
	　　Statement；
	END IF；
		动合触点，当赋值位为 0 时，动合触点将断开（OFF）；当赋值位为 1 时，动合触点将闭合（ON），能流可通过

"IN" —┤/├—	IF NOT（in）THEN 　　Statement； ELSE 　　Statement； END_IF；	动断触点，当赋值位为 0 时，动断触点将闭合（ON），能流可通过；当赋值位为 1 时，动断触点将断开（OFF）

如果用户指定的输入位使用存储器标识符 I（输入）或 Q（输出），则从过程映像寄存器中读取位值。控制过程中的物理触点信号会连接到 PLC 上的 I 端子。CPU 扫描已连接的输入信号并持续更新过程映像输入寄存器中的相应状态值。通过在 I 偏移量后追加"：P"，

可执行立即读取物理输入（例如："％I3.4：P"）。对于立即读取，直接从物理输入读取位数据值，而非从过程映像中读取。立即读取不会更新过程映像。

2. 输出线圈和赋值功能框

线圈输出指令写入控制位的值。如果用户指定的控制位使用存储器标识符Q，则CPU接通或断开过程映像寄存器中的输出位，同时将指定的位设置为等于能流状态，指令说明见表2-4。

表2-4　线圈赋值和赋值取反

LAD	FBD	SCL	说　明
"OUT" —（ ）—	"OUT" =	out：＝ <布尔表达式>；	如果有能流通过输出线圈或启用了FBD"＝"功能框，则输出状态设置为1； 如果没有能流通过输出线圈或未启用FBD"＝"功能框，则输出状态设置为0
"OUT" —（／）—	"OUT" /= "OUT" =	out：＝NOT <布尔表达式>；	如果有能流通过反向输出线圈或启用了FBD"／＝"功能框，则输出状态设置为0； 如果没有能流通过反向输出线圈或未启用FBD"／＝"功能框，则输出状态设置为1

在FBD编程中，LAD线圈变为分配（＝和／＝）功能框，可在其中为功能框输出指定位地址。功能框输入和输出可连接到其他功能框逻辑，用户也可以输入位地址。通过在Q偏移量后加上"：P"，可指定立即写入物理输出（例如："％Q3.4：P"）。对于立即写入，将位数据值写入过程映像输出并直接写入物理输出。

控制执行器的输出信号连接到PLC的Q端子。在RUN模式下，PLC将连续扫描输入信号，并根据程序逻辑处理输入状态，然后通过在过程映像输出寄存器中设置新的输出状态值进行响应。PLC会将存储在过程映像寄存器中的新的输出状态响应传送到已连接的输出端子。

➤ 任务实施

2.1.4　应用PLC实现电动机点动控制

PLC系统是由继电控制系统发展而来的，并且梯形图程序的编写也基本上是按照电气线路图的方式进行设计的。对于每个控制任务，都可以按照图2-2所示任务实施流程进行设计、安装与调试。

1. 控制任务分析

根据三相异步电动机点动控制的动作过程，可以列出各逻辑变量之间的关系，见表2-5。

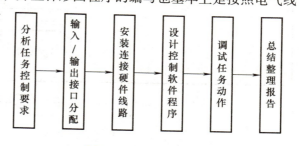

图2-2　任务实施流程

表 2-5　三相异步电动机点动控制电路中的逻辑变量关系

名称	输入变量按钮 SB	输出变量 KM	说　明
数值	1	1	触点动作：动合触点接通，线圈通道吸合
	0	0	触点复位：动合触点断开，线圈断电释放

按照三相异步电动机点动控制的动作过程画出控制时序图，如图 2-3 所示。

由此可得出点动控制电路的逻辑表达式为

$$KM = SB$$

对于控制动作的分析手段，像逻辑变量表、动作时序图、逻辑表达式等方法，在控制动作分析时并不一定都用，只需要根据实际情况适当选择即可。

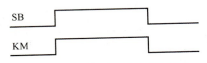

图 2-3　电动机点动运行时序图

2. I/O 地址分配

根据三相异步电动机点动控制的分析，我们知道为了实现控制动作，PLC 需要一个输入信号触点和一个输出信号触点，I/O 地址分配见表 2-6。

表 2-6　I/O 地址分配

输　　入			输　　出		
输入元件	输入接口	功　能	输出元件	输出接口	功　能
SB	%I0.0	起动按钮	KM	%Q0.0	控制电动机接触器

3. 硬件接线

PLC 控制实现电动机点动控制的主电路还是与继电控制相同，如图 2-1 所示；I/O 接线如图 2-4 所示。

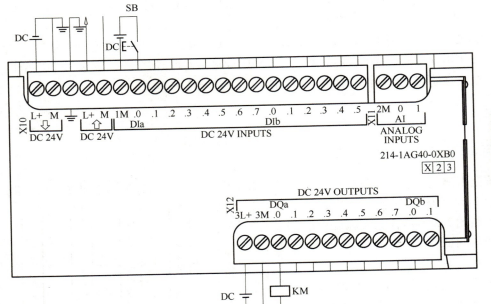

视频 3

图 2-4　电动机点动运动控制 I/O 接线

按照图2-4所示进行接线，接线时应注意如下事项：

1）要认真核对PLC的电源规格。例如，西门子S7-1200 CPU 1214C DC/DC/DC 的 PLC 电源是 DC 24V，输入信号电源是和输出信号电源均是 DC 24V。要看清楚电源接口，否则会烧坏 PLC。空端子"·"上不能接线。

2）PLC 的直流电源输出 24V，一般为外部传感器供电用，不能作为负载电源。

3）PLC 的 I/O 设备及电动设备的电源接线应分开连接。

4. 软件程序设计

软件程序设计一般流程如图2-5所示。

根据三相异步电动机点动控制的动作分析的逻辑关系及 I/O 地址分配可以得出，当%I0.0 闭合后，%Q0.0 就得电。梯形图程序如图2-6所示。

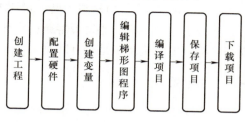

图2-5 软件程序设计流程

图2-6 电动机点动控制梯形图程序

将电动机点动控制程序下载到 PLC 时，应注意以下几点：

1）通信连接是否正常，用专用的编程电缆将编程计算机上的网口与 S7-1200 PLC 的 PROFINET 端口连接。

2）检查 PLC 电源是否送电，若 PLC 电源指示灯（POWER）亮，说明 PLC 已经通电。

3）检查网络设置，测试通信是否正常。

5. 调试运行

I/O 接线与程序下载完毕后，就可以运行程序。S7-1200 PLC 运行后，根据电动机点动运行的功能要求进行调试。

按下起动按钮 SB，输入继电器 I0.0 通电，PLC 输入指示灯 I0.0 亮，PLC 的输出指示灯 Q0.0 亮，接触器 KM 吸合，电动机运转。松开按钮 SB，KM 释放，电动机停止运转。

在调试运行时，PLC 编程软件应在在线监控模式下，便于观察到相应动作的变化。

在博途 V15 软件中选择菜单"在线"→"转至在线"→"监视"就可以监控 PLC 的程序运行过程，监控画面如图2-7所示。显示"蓝色"表示该触点闭合或线圈通电。

图2-7 电动机点动运行监控画面

在调试中，常见的故障现象及问题分析如下：

1）按下起动按钮 SB 后，KM 没有得电动作。

① 观察输入指示灯是否点亮。若输入指示灯不点亮，则说明是输入回路接线或按钮 SB

接触有问题，应检查输入接线及按钮触点。

② 若输入指示灯正常，观察输出指示灯是否点亮。若输出指示灯不点亮，则说明程序错误，应检查程序。注意检查程序下载后是否使 PLC 的工作模式变换到 RUN 运行模式。

③ 若输出指示灯正常，则说明是输出回路接线的问题。检查 PLC 输出回路，先确认输出电路有无电压，再检查接触器线圈是否断线。

2）接触器吸合，电动机不转，说明 PLC 控制电路及程序工作正常，问题出现在主电路上，检查主电路中熔断器是否熔断；检查三相电源电压是否正常；检查热继电器热元件是否断路；检查电动机绕组是否有断路。

> 思考与练习

1. PLC 的输入/输出继电器采用几进制进行编号？

2. 当输入端口 I0.0 外部连接的输入按钮 SB 闭合时，梯形图程序中对应的 I0.0 的常开触点及常闭触点怎样变化？

3. 写入编好的梯形图程序时，PLC 处于什么模式？运行调试时，PLC 处于什么模式？

4. 设计由一个开关控制两盏灯的程序并调试。相关要求是：开关 S 闭合时，灯 L1 和 L2 都亮；开关 S 断开时，灯 L1 和 L2 都熄灭。

2.2　三相异步电动机连续运行控制

> 学习要点

知识点：

⊙ 掌握三相异步电动机连续控制原理。

⊙ 掌握与指令、或指令和非指令。

⊙ 掌握 PLC 常用编程方法。

⊙ 掌握梯形图编程规则。

技能点：

⊙ 熟悉梯形图编程方法。

⊙ 会用 S7-1200 PLC 进行电动机连续控制硬件的接线。

⊙ 会用 S7-1200 PLC 进行电动机连续控制程序的编制。

⊙ 能够进行电动机连续控制运行调试。

> 知识学习

2.2.1　三相异步电动机连续控制原理

在电动机控制系统中，大部分工作需要电动机连续动作。即按下起动按钮，电动机旋转；松开起动按钮，电动机不停转；只有按下停止按钮时，电动机才能停止。这种控制方式称为电动机连续控制。

接触器控制的单向运行控制线路如图 2-8 所示。图中，KM 为接触器；SB1 为停止按钮；

SB2 为起动按钮；FR 为热继电器；FU1 和 FU2 为熔断器。

控制电路的工作原理：

（1）起动控制　合上电源开关 QF，按下起动按钮 SB2 时，起动按钮 SB2 动合触点（3-4）闭合，KM 线圈通电，其三相主触点闭合，使电动机通入三相电源而旋转。同时，与起动按钮 SB2 并联的 KM 动合辅助触点（3-4）也闭合，此时，若放开 SB2，KM 线圈仍保持通电状态。

这种依靠接触器自身的动合辅助触点使自身线圈保持通电的电路，称为自锁电路。辅助动合触点称为自锁触点。

（2）停止控制　当电动机需要停止时，按下停止按钮 SB1，其动断触点（2-3）断开，KM 线圈断电，使它的三相主触点断开，电动机断电停转。同时，KM 的动合辅助触点（3-4）也断开。此时，放开停止按钮 SB1，KM 线圈也不会通电，电动机不能自行起动。

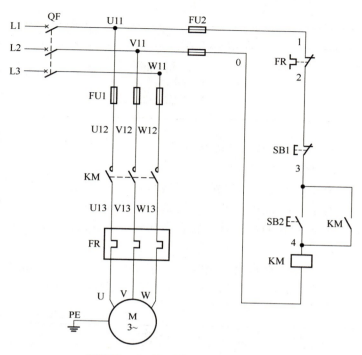

图 2-8　电动机单向运行控制线路

若使电动机再次起动，则需再次按下起动按钮 SB2。此电路具有短路保护、过载保护、失电压和欠电压保护的功能。

2.2.2　AND（与）、OR（或）、XOR（异或）和 NOT（非）指令

1. AND、OR 和 XOR 指令

在 S7-1200 PLC 中，并不是所有的 LAD、FBD 及 SCL 的指令都要熟练应用，实际使用时可根据所要控制的功能和程序设计人员的分析习惯去选择。在这里虽然都介绍了，但在应用中还是以 LAD 为主。指令说明见表 2-7。

表 2-7　AND 和 OR 指令

LAD	FBD	SCL	说　明
"IN"　"IN"　┤├──┤├	"IN1"　"IN2"　&	out：= in1 AND in2；	AND 指令在 LAD 中以条件串联的形式表现，即所有输入必须都为"真"，输出才为"真"
"IN"　┤├　"IN"　┤├	"IN1"　"IN2"　≥1	out：= in1 OR in2；	OR 指令在 LAD 中以条件并联的形式表现，即只要有一个输入为"真"，输出就为"真"

（续）

LAD	FBD	SCL	说　明
无	 "IN1" — "IN2" —	out：= in1 XOR in2；	XOR 指令必须有奇数个输入为"真"，输出才为"真"

对于 SCL：必须将运算的结果赋给要用于其他语句的变量。

2. NOT 逻辑反相器

NOT 逻辑反相器也就是非逻辑指令，指令说明见表2-8。

对于 FBD 编程，可从"收藏夹"（Favorites）工具栏或指令树中拖动"取反逻辑运算结果"（Invert RLO）工具，然后将其放置在输入或输出端，以在该功能框连接器上创建逻辑反相器。

LAD NOT 触点对能流输入的逻辑状态进行取反。如果没有能流流入 NOT 触点，则会有能流流出。如果有能流流入 NOT 触点，则没有能流流出。

表2-8　NOT 指令

LAD	FBD	SCL	说　明
─┤NOT├─	"IN1" — "IN2" — "IN1" — "IN2" —	NOT	NOT 指令就是将所控制的值进行取反，如果控制量值是 1，则输出的值为 0

➤ 任务实施

2.2.3　应用 PLC 实现电动机连续控制

1. 控制任务分析

按下起动按钮 SB2，接触器 KM 连续得电；按下停止按钮 SB1，接触器 KM 失电。按照三相异步电动机连续控制的动作过程画出控制时序图，如图 2-9 所示。

由此可得出连续控制电路的逻辑表达式为

$$KM = (SB2 + KM) \cdot \overline{SB1}$$

2. I/O 地址分配

根据三相异步电动机连续控制的分析，我们知道为了实现控制动作，PLC 需要两个输入信号触点和一个输出信号触点，I/O 地址分配见表2-9。

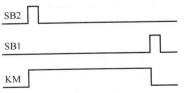

图2-9　电动机连续运行时序图

表2-9　I/O地址分配

输　入			输　出		
输入元件	输入接口	功　能	输出元件	输出接口	功　能
SB1	%I0.0	停止按钮	KM	%Q0.0	控制电动机接触器
SB2	%I0.1	起动按钮			

　　注意：对于用于过载保护的热继电器FR的动断触点，为了动作可靠，一般会将其串联在输出线圈控制电路上。如果PLC需要信号检测，则将FR的动合触点接入PLC。由于在此主要进行基本控制任务的学习，所以在这里就不对FR信号进行处理分配了。

3. 硬件接线

　　PLC控制实现电动机连续控制的主电路仍然与继电控制相同，如图2-8所示；I/O接线如图2-10所示。

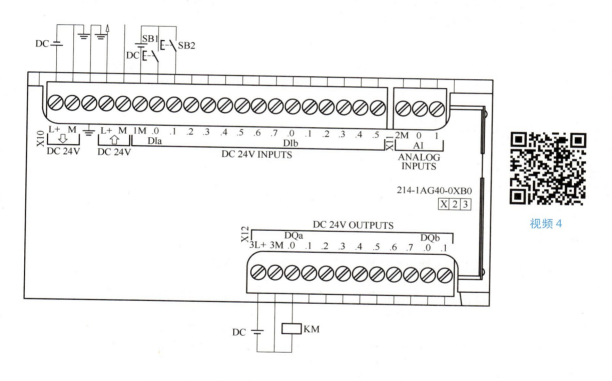

图2-10　电动机连续运动控制I/O接线

　　按照电动机连续运动控制I/O接线图进行接线。

4. 软件程序设计

　　根据三相异步电动机连续控制的动作分析和逻辑关系及I/O地址分配可以得出，当%I0.1闭合后，%Q0.0得电；%I0.1断开后，%Q0.0仍然连续得电；%I0.0闭合后，%Q0.0就失电。梯形图程序如图2-11所示。这个梯形图程序也是典型控制程序，也称为起保停控制电路。

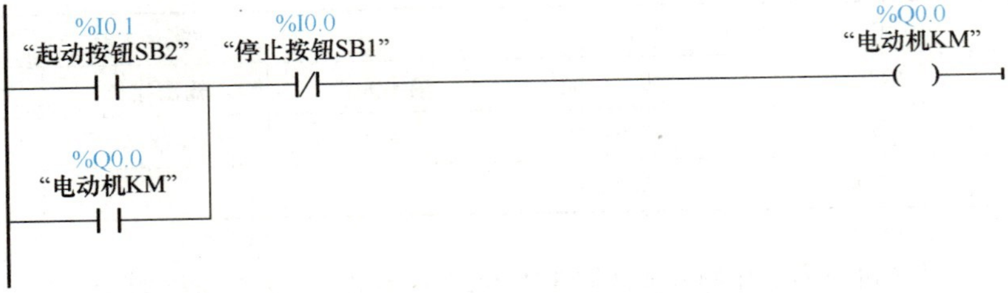

图 2-11　电动机连续控制梯形图程序

5. 调试运行

I/O 接线与程序下载完毕后，就可以根据电动机连续运行的功能要求进行调试了。按下起动按钮 SB2，输入继电器 I0.1 通电，PLC 输入指示灯 I0.1 亮，PLC 的输出指示灯 Q0.0 亮，接触器 KM 吸合，电动机连续运转。按下停止按钮 SB1，KM 释放，电动机停止运转。监控程序状态如图 2-12 所示。

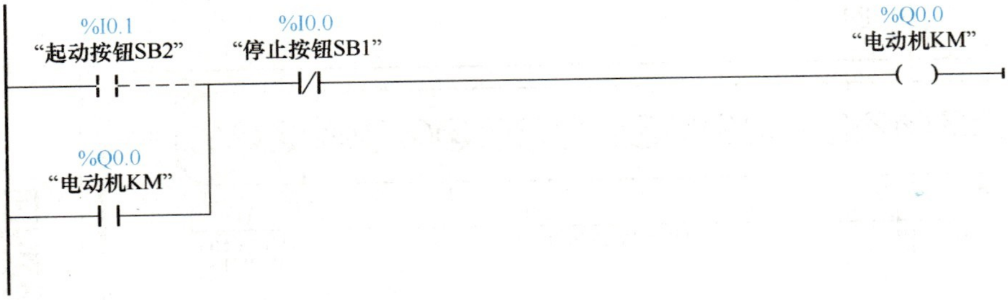

图 2-12　电动机连续运行调试监控

➢ 思考与练习

1. 分析图 2-13 所示梯形图程序，说明输出结果所出现的问题。

图 2-13　题 1 图

2. PLC 梯形图设计方法有哪些？

3. 在电动机连续控制调试时，如果按下电动机起动按钮，电动机不动作，试分析原因。

4. 用 PLC 实现电动机两地控制。有些生产设备为了操作方便，需要在两地或多地控制一台电动机。这种能在两地或多地控制一台电动机的控制方式，称为电动机的多地控制。在实际应用中，大多为两地控制。电动机两地控制的电路如图 2-14 所示。

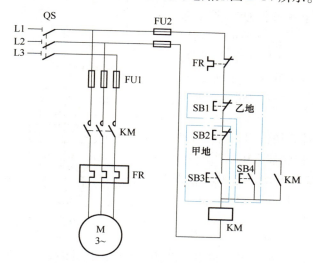

图 2-14　电动机两地控制的电路

控制要求：按下甲地起动按钮 SB3 或乙地的起动按钮 SB4，电动机 M 都会得电连续运行；按下甲地停止按钮 SB2 或乙地停止按钮 SB1，电动机 M 都会停转。

2.3　三相异步电动机点动与连续混合控制

➤ 学习要点

知识点：

⊙ 掌握三相异步电动机点动与连续混合控制原理。

⊙ 掌握控制继电器 M 的相关知识。

⊙ 掌握置位和复位指令。

技能点：

⊙ 熟悉梯形图编程方法。

⊙ 会用 S7-1200 PLC 进行电动机点动与连续混合控制硬件的接线。

⊙ 会用 S7-1200 PLC 进行电动机点动与连续混合控制程序的编制。

⊙ 能够进行电动机点动与连续混合控制运行调试。

➤ 知识学习

2.3.1　三相异步电动机点动与连续混合控制原理

机床设备在正常工作时，一般需要电动机处在连续运转状态，但在试机或调整刀具与工件的相对位置时，又需要电动机能点动运转。实现这种工艺要求的电路是点动与连续混合运行控制线路，如图 2-15 所示。

控制电路的工作原理：

1. 连续运行控制

（1）起动　合上电源开关 QS，按下起动按钮 SB1 后，其动合触点（3-4）闭合，接触器 KM 线圈得电，KM 的主触点闭合，接通电动机电源，电动机 M 起动连续运行，同时 KM 辅助自锁触点（5-4）闭合，使电动机连续得电。

（2）停止　按下停止按钮 SB2 后，其动断触点（2-3）断开，接触器 KM 线圈失电，KM 的主触点断开，切断电动机电源，电动机 M 停止运行，KM 辅助自锁触点（5-4）也同时断开。

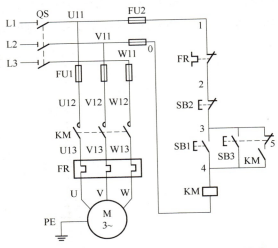

图 2-15　电动机点动与连续混合运行控制线路

2. 点动运行控制

（1）起动　合上电源开关 QS，按下点动按钮 SB3，其动断触点（3-5）先断开，切断了接触器线圈的自锁回路，SB3 的动合触点（3-4）后闭合，使 KM 线圈得电，KM 的主触点闭合，接通电动机电源，电动机 M 起动运行。

（2）停止　松开点动按钮 SB3，其动合触点（3-4）先断开，使 KM 线圈失电，KM 的主触点断开，切断电动机电源，电动机 M 停止运行。SB3 的动断触点（3-5）后闭合，由于接触器自锁触点已经断开，所以 KM 线圈不能得电。

注意：此电路在某些控制系统中，因元件类型或工作方式不同，将不能实现控制功能。

2.3.2　控制继电器和数据位存储器 M

1. 控制继电器 M 说明

M（位存储区）：针对控制继电器及数据的位存储区（M 存储器）用于存储操作的中间状态或其他控制信息。

在程序设计的逻辑运算中，经常需要一些辅助控制继电器 M，它的功能与传统继电器控制电路中的中间继电器相同。辅助继电器与外部没有任何联系，它在 PLC 中没有输入/输出端子与之对应，因此它的触点不能驱动外部负载。

每个辅助继电器 M 对应数据存储区的一个基本单元，它可以由所有编程元件的触点（包括它自己的触点）来驱动。它的触点同样可以无限次使用。借助于辅助继电器的编程，可使输入/输出之间建立复杂的逻辑关系和联锁关系，以满足不同的控制要求。

在 PLC 中，有时也将辅助继电器称为位存储区的内部标志位（marker），所以辅助继电器一般以位为单位使用，并采用"字节. 位"的编址方式，每 1 位相当于 1 个中间继电器。辅助继电器也可以按字节、字、双字为单位，用于存储数据，见表 2-10。M 存储器允许读取和写入。

表2-10　M存储器的绝对地址

存 储 单 位	格 式	举 例
位	M［字节地址］.［位地址］	M26.7
字节、字、双字	M［大小］.［起始字节地址］	MB20、MW30、MD50

M存储器：任何OB、FC或FB都可以访问M存储器中的数据，也就是说这些数据可以全局性地用于用户程序中的所有元素。可以在PLC变量表或分配列表中定义位存储器的保持性存储器的大小。

保持性存储器总是从MB0开始向上连续贯穿指定的字节数。通过PLC变量表或在分配列表中通过单击"保持性"（Retain）工具栏图标指定该值。输入从MB0开始保留的M字节个数，如图2-16所示。

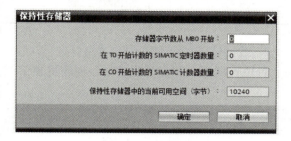

图2-16　保持性存储器

2. 系统和时钟存储器

使用CPU属性可启用"系统存储器"和"时钟存储器"的相应字节。程序逻辑可通过这些函数的变量名称来引用它们的各个位。

1）可以将M存储器的1个字节分配给系统存储器。该系统存储器字节提供了以下四个位，用户程序可通过以下变量名称引用这4个位：

① 第一个周期：变量名称为"FirstScan"，在起动OB完成后的第一次扫描期间内，该位设置为1（执行了第一次扫描后，"FirstScan"位将设置为0）。

② 诊断状态变化：变量名称为"DiagStatusUpdate"，在CPU记录了诊断事件后的一个扫描周期内设置为1。由于直到首次程序循环OB执行结束，CPU才能置位"DiagStatusUpdate"位，因此用户程序无法检测在启动OB执行期间或首次程序循环OB执行期间是否发生过诊断更改。

③ 始终为1（高）（Always 1（high））：变量名称为"AlwaysTRUE"，该位始终设置为1。

④ 始终为0（低）（Always 0（low））：变量名称为"AlwaysFALSE"，该位始终设置为0。系统存储器组态了一个字节，其中各个位会在发生特定事件时启用（值=1）。

2）可以将M存储器的1个字节分配给时钟存储器。被组态为时钟存储器的字节中的每一位都可生成方波脉冲。时钟存储器字节提供了8种不同的频率，其范围从0.5Hz（慢）到10Hz（快）。这些位可作为控制位（尤其在与边沿指令结合使用时），用于在用户程序中周期性触发动作。由于时钟存储器与CPU周期异步运行，因此，时钟存储器的状态可能会在一个长周期中发生多次改变。

CPU在从STOP模式切换到STARTUP模式时初始化这些字节。时钟存储器的位在STARTUP和RUN模式下会随CPU时钟同步变化。

2.3.3　置位与复位指令

1. 置位S指令与复位R指令

置位S指令与复位R指令说明见表2-11。

表 2-11   置位 S 指令与复位 R 指令

LAD	FBD	SCL	说　明
"OUT" ——(S)——	"OUT" S "IN"	无	置位输出：S（置位）激活时，OUT 地址处的数据值设置为 1；S 未激活时，OUT 不变
"OUT" ——(R)——	"OUT" R "IN"	无	复位输出：R（复位）激活时，OUT 地址处的数据值设置为 0；R 未激活时，OUT 不变

2. 置位位域指令和复位位域指令

置位位域指令和复位位域指令说明见表 2-12。

表 2-12   置位位域指令与复位位域指令

LAD	FBD	SCL	说　明
"OUT" —(SET_BF)— "n"	"OUT" SET_BF EN N	无	置位位域：SET_BF 激活时，为从寻址变量 OUT 处开始的"n"位分配数据值 1；SET_BF 未激活时，OUT 不变
"OUT" —(RESET_BF)— "n"	"OUT" RESET_BF EN N	无	复位位域：RESET_BF 激活时，为从寻址变量 OUT 处开始的"n"位写入数据值 0；RESET_BF 未激活时，OUT 不变

3. 置位优先触发器指令和复位优先触发器指令

置位优先触发器指令和复位优先触发器指令说明见表 2-13。

表 2-13   置位优先触发器指令和复位优先触发器指令

LAD\FBD	SCL	说　明
"INOUT" RS R　　Q S1	无	复位/置位触发器：RS 是置位优先锁存，其中置位优先。如果置位（S1）和复位（R）信号都为真，则地址 INOUT 的值将为 1
"INOUT" SR S　　Q R1	无	置位/复位触发器：SR 是复位优先锁存，其中复位优先。如果置位（S）和复位（R1）信号都为真，则地址 INOUT 的值将为 0

➢ 任务实施

2.3.4   应用 PLC 实现电动机点动与连续混合控制

1. 控制任务分析

按下连续起动按钮 SB1 后接触器 KM 连续得电，按下停止按钮 SB2 后接触器 KM 失电；按下点动按钮 SB3 后接触器 KM 得电，松开 SB3 后接触器 KM 失电。按照三相异步电动机点动与连续混合控制的动作过程画出控制时序图，如图2-17所示。

2. I/O 地址分配

根据三相异步电动机点动与连续混合控制的分析，我们知道为了实现控制动作，PLC需要3个输入信号触点和1个输出信号触点，I/O地址分配见表2-14。

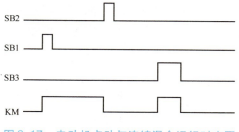

图2-17　电动机点动与连续混合运行时序图

表2-14　I/O 地址分配

输　入			输　出		
输入元件	输入接口	功　能	输出元件	输出接口	功　能
SB2	%I0.0	停止按钮	KM	%Q0.0	控制电动机接触器
SB1	%I0.1	连续起动按钮			
SB3	%I0.2	点动按钮			

3. 硬件接线

PLC控制实现电动机点动与连续混合控制的主电路仍然与继电控制相同如图2-15所示；I/O接线如图2-18所示。

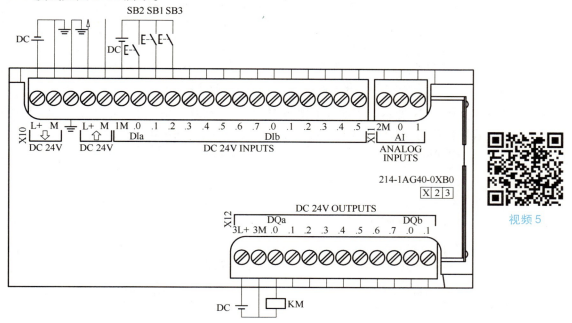

图2-18　电动机点动与连续混合控制 I/O 接线

4. 软件程序设计

根据三相异步电动机点动与连续混合控制的动作分析及I/O地址分配可以得出，当%I0.1闭合后，%Q0.0就连续得电；%I0.0闭合后，%Q0.0就失电，实现电动机连续控制；当%I0.2闭合后，%Q0.0得电；当%I0.2断开后，%Q0.0失电，实现电动机点动控制。

虽然前面我们已经学习过点动控制和连续控制，但是如果直接用继电控制电路图转换为

图 2-19 所示的梯形图程序，会发现点动控制实现不了，这是因为在继电控制系统中，SB3 动合触点和动断触点都是实际物理触点，动作时会有时间差。而 PLC 的 I0.2 的动合和动断触点只是到地址为 I0.2 的寄存器位去读数值，而数值是唯一的。

图 2-19　电动机点动与连续混合控制梯形图程序 1

对应这种有多个动作的控制要求，我们可以利用辅助继电器 M 来将动作分解，然后再进行输出信号的控制。在电动机点动与连续混合控制中，我们使用 M1.0 来实现连续控制，使用 M1.1 来实现点动控制。PLC 变量表如图 2-20 所示。

图 2-20　电动机点动与连续混合控制变量表

梯形图程序如图 2-21 所示。程序段 1 使用 M1.0 完成连续控制，程序段 2 使用 M1.1 完成点动控制，程序段 3 将 M1.0 和 M1.1 的状态送给输出继电器 Q0.0。

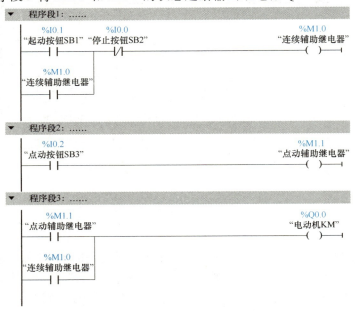

图 2-21　电动机点动与连续混合控制梯形图程序 2

电动机点动与连续混合控制梯形图程序2可以基本实现控制功能，但是，程序相对还有些烦琐，比如点动的辅助继电器 M1.1 是可以化简掉的，并且点动控制与连续控制中的动作联锁也应该加上。完善后的程序如图 2-22 所示。

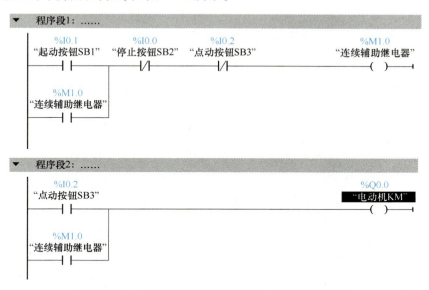

图 2-22　电动机点动与连续混合控制梯形图程序 3

5. 调试运行

I/O 接线与程序下载完毕后，就可根据电动机点动与连续混合控制的功能要求进行调试了。

建议从分析过程中，一步一步进行程序调试，逐步完善控制程序，增强对控制动作的分析总结与实践能力。

➤ **思考与练习**

1. 辅助继电器 M 的主要作用是什么？
2. 如果想实现某个灯的闪烁，每秒钟闪烁 1 次，即亮 0.5s 灭 0.5s，用哪个时钟信号？
3. 请设计两盏灯的控制，开关 S 闭合后，灯 HL1 常亮、灯 HL2 灭；开关 S 断开后，灯 HL1 熄灭、灯 HL2 闪烁（1Hz）。
4. 在电动机点动与连续混合控制调试时，如果按下电动机点动按钮，电动机不动作，试分析故障原因。

2.4　三相异步电动机正反转控制

➤ **学习要点**

知识点：
⊙ 掌握三相异步电动机正反转控制原理。
⊙ 掌握上升沿、下降沿指令。

技能点：

⊙ 熟悉梯形图编程方法。

⊙ 会用 S7-1200 PLC 进行电动机正反转控制硬件的接线。

⊙ 会用 S7-1200 PLC 进行电动机正反转控制程序的编制。

⊙ 能够进行电动机正反转控制运行调试。

➤ 知识学习

2.4.1　三相异步电动机正反转控制原理

生产机械的运动部件往往需要做正、反两个方向的运动，如车床主轴的正转和反转，工作台的前进和后退等。这就要求拖动生产机械的电动机具有正、反转控制功能，就要求电动机能实现正反转。若要实现电动机反向控制，只需将电源的三根相线任意对调两根（称为换相）即可，常用具有联锁保护的接触器联锁正反转控制线路。

接触器联锁正反转控制线路如图 2-23 所示。电路中采用了两个接触器，即正转接触器 KM1 和反转接触器 KM2，它们分别由正转起动按钮 SB2 和反转起动按钮 SB3 控制。从主电路上可以看出，接触器 KM1 连接电源的相序为 L1- L2- L3，KM2 连接电源的相序为 L3- L2- L1。必须说明，KM1 和 KM2 的主触点绝对不允许同时闭合，否则将造成 L1- L3 两相电源短路事故。为了避免 KM1 和 KM2 同时得电，在 KM1、KM2 线圈上串联对方的一对辅助动断触点。

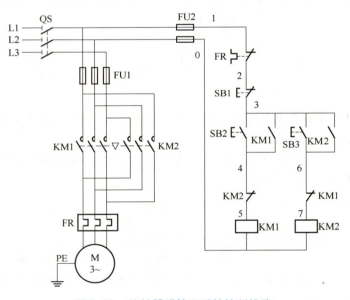

图 2-23　接触器联锁正反转控制线路

将一个接触器的辅助动断触点串联在另一个线圈的电路中，使两个接触器相互制约的控制，称为互锁控制或联锁控制。利用接触器（或继电器）的辅助动断触点实现的联锁，称为电气联锁（或接触器联锁），用符号"∇"表示。实现联锁作用的辅助动断触点称为联锁触点。

控制电路的工作原理分析：合上电源开关 QS，接通电源。

（1）正转控制分析　按下起动按钮 SB2 后，其动合触点（3-4）闭合，KM1 线圈通电，KM1 的辅助动断触点（6-7）先断开，实行对 KM2 的联锁保护，KM1 的辅助动合触点（3-4）闭合，实现自锁，KM1 主触点闭合，电动机 M 得电正转运行。

当按下 SB2，KM1 通电时，KM1 的辅助动断触点（6-7）断开，这时，如果按下 SB3，KM2 的线圈不会通电，这就保证了电路的安全。

（2）停止控制分析　按下停止按钮 SB1 后，其动断触点（2-3）断开，KM1 线圈失电，

KM1 的辅助动合触点（3-4）先断开，解除自锁，KM1 主触点断开，电动机 M 失电停止运行。KM1 的辅助动断触点（6-7）闭合，解除对 KM2 的联锁保护。

（3）反转控制分析　按下起动按钮 SB3 后，其动合触点（3-6）闭合，KM2 线圈通电，KM2 的辅助动断触点（4-5）先断开，实行对 KM1 的联锁保护，KM2 的辅助动合触点（3-6）闭合，实现自锁，KM2 主触点闭合，电动机 M 得电反转运行。

2.4.2　上升沿、下降沿指令

1. 上升沿 P 和下降沿 N 指令

在很多控制过程中，不光会用到触点和线圈指令，有时还要采集某个信号的变化瞬间，如接通瞬间或断开瞬间。触点上升沿指令表示在触点闭合瞬间接通一个扫描周期。触点下降沿指令表示在触点断开瞬间接通一个扫描周期，指令说明见表 2-15。

表 2-15　上升沿和下降沿指令

LAD	FBD	SCL	说　明
"IN" —┤P├— "M_BIT"	"IN" P "M_BIT"	不可用	扫描操作数的信号上升沿 LAD：在分配的"IN"位上检测到正跳变（由断到通）时，该触点的状态为 TRUE。该触点逻辑状态随后与能流输入状态组合以设置能流输出状态。P 触点可以放置在程序段中除分支结尾外的任何位置 FBD：在分配的输入位上检测到正跳变（由关到开）时，输出逻辑状态为 TRUE。P 功能框只能放置在分支的开头
"IN" —┤N├— "M_BIT"	"IN" N "M_BIT"	不可用	扫描操作数的信号下降沿 LAD：在分配的输入位上检测到负跳变（由通到断）时，该触点的状态为 TRUE。该触点逻辑状态随后与能流输入状态组合以设置能流输出状态。N 触点可以放置在程序段中除分支结尾外的任何位置 FBD：在分配的输入位上检测到负跳变（由开到关）时，输出逻辑状态为 TRUE。N 功能框只能放置在分支的开头
"OUT" —(P)— "M_BIT"	"OUT" P= "M_BIT"	不可用	在信号上升沿置位操作数 LAD：在进入线圈的能流中检测到正跳变（由 0 变为 1）时，分配的位"OUT"为 TRUE。能流输入状态总是通过线圈后变为能流输出状态。P 线圈可以放置在程序段中的任何位置 FBD：在功能框输入连接的逻辑状态中或输入位赋值中（如果该功能框位于分支开头）检测到正跳变（由关到开）时，分配的位"OUT"为 TRUE。输入逻辑状态总是通过功能框后变为输出逻辑状态。P = 功能框可以放置在分支中的任何位置
"OUT" —(N)— "M_BIT"	"OUT" N= "M_BIT"	不可用	在信号下降沿置位操作数 LAD：在进入线圈的能流中检测到负跳变（由 1 变为 0）时，分配的位"OUT"为 TRUE。能流输入状态总是通过线圈后变为能流输出状态。N 线圈可以放置在程序段中的任何位置 FBD：在功能框输入连接的逻辑状态中或在输入位赋值中（如果该功能框位于分支开头）检测到负跳变（由开到关）时，分配的位"OUT"为 TRUE。输入逻辑状态总是通过功能框后变为输出逻辑状态。N = 功能框可以放置在分支中的任何位置

边沿指令每次执行时都会对输入和存储器位值进行评估，包括第一次执行。在程序设计期间必须考虑输入和存储器位的初始状态，以允许或避免在第一次扫描时进行沿检测。

由于存储器位必须从一次执行保留到下一次执行，所以应该对每个边沿指令都使用唯一的位，并且不应在程序中的任何其他位置使用该位。还应避免使用临时存储器和可受其他系统功能（例如 I/O 更新）影响的存储器。

2. P 和 N 指令应用

以电动机连续控制为例，在起动按钮 SB2 处应用上升沿 P 指令，如图 2-24 所示。

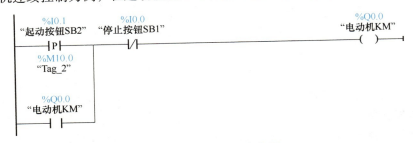

图 2-24　上升沿指令应用

对比图 2-11 所示程序，在运行调试时，这两个程序会有什么不同呢？

运行调试两个程序，正常工作情况和当起动按钮故障时的工作情况，动作时序对比图如图 2-25 所示。

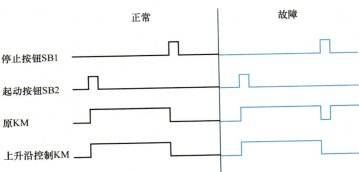

图 2-25　两个控制程序动作时序对比图

在正常动作时，起动按钮 SB2 被按下时，两个程序的电动机控制 KM 都会得电，连续运行。按下停止按钮 SB1 时，KM 失电。

当起动按钮 SB2 故障时，如按钮按下后触点接通，松开后由于机械卡壳、触点粘连等故障造成触点未能断开。这时，图 2-11 所示的程序在停止信号发出后停机，松开停止按钮后会由于 SB2 触点未断开而自动得电，这不是我们所希望的控制动作。而使用了上升沿 P 指令（见图 2-24），在 KM 失电后，就不会再次得电，因为 PLC 检测的是 SB2 触点的由断开到闭合的状态，SB2 由于故障一直闭合，就不会发出起动信号的上升沿，只有解除 SB2 故障使触点由断开到闭合瞬间才会再次使 KM 得电。

> ➤ **任务实施**

2.4.3　应用 PLC 实现电动机正反转控制

1. 控制任务分析

按下正转起动按钮 SB2，接触器 KM1 连续得电；按下停止按钮 SB1，接触器 KM1 失电。

按下反转起动按钮SB3，接触器KM2连续得电；按下停止按钮SB1，接触器KM2失电。在KM1得电时，即使按下SB3，也不会使KM2得电。同样，在KM2得电时，即使按下SB2，也不会使KM1得电。

由此可得出正反转控制电路的逻辑表达式为

$$KM1 = (SB2 + KM1) \cdot \overline{SB1} \cdot \overline{KM2}$$
$$KM2 = (SB3 + KM2) \cdot \overline{SB1} \cdot \overline{KM1}$$

2. I/O地址分配

根据三相异步电动机正反转控制的分析，我们进行I/O分配，PLC需要3个输入信号触点和2个输出信号触点，I/O地址分配见表2-16。

表2-16　I/O地址分配

输入			输出		
输入元件	输入接口	功　能	输出元件	输出接口	功　能
SB1	%I0.0	停止按钮	KM1	%Q0.0	正转控制接触器
SB2	%I0.1	正转按钮	KM2	%Q0.1	反转控制接触器
SB3	%I0.2	反转按钮			

3. 硬件接线

PLC控制实现电动机正反转控制的主电路还是与继电控制相同，如图2-23所示；I/O接线如图2-26所示。

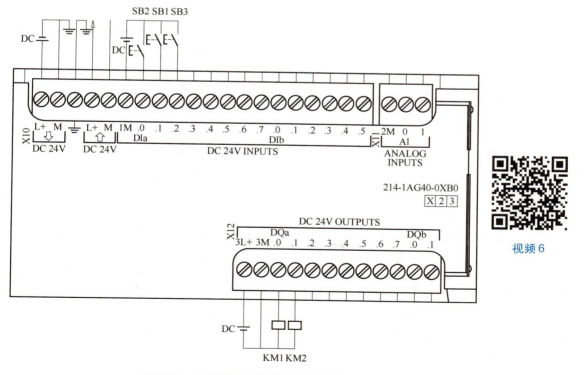

图2-26　电动机正反转控制I/O接线

按照电动机正反转控制 I/O 接线图进行接线，并检查线路正确。

4. 软件程序设计

根据三相异步电动机正反转控制动作分析、逻辑关系及 I/O 地址分配可以得出：当 %I0.1 闭合后，%Q0.0 就连续得电；%I0.0 闭合后，%Q0.0 就失电；当 %I0.2 闭合后，%Q0.1 就连续得电；%I0.0 闭合后，%Q0.1 就失电；还有 %Q0.0 与 %Q0.1 的联锁。控制程序变量表如图 2-27 所示，梯形图程序如图 2-28 所示。

		名称	数据类型	地址	保持	可从 ...	从 H...	在 H...	
1		停止按钮SB1	Bool	%I0.0	☐	☑	☑	☑	
2		正转按钮SB2	Bool	%I0.1	☐	☑	☑	☑	
3		反转按钮SB3	Bool	%I0.2	☐	·	☑	☑	
4		电动机正转KM1	Bool	%Q0.0	☐	☑	☑	☑	
5		电动机反转KM2	Bool	%Q0.1	☐	☑	☑	☑	

图 2-27 电动机正反转控制变量表

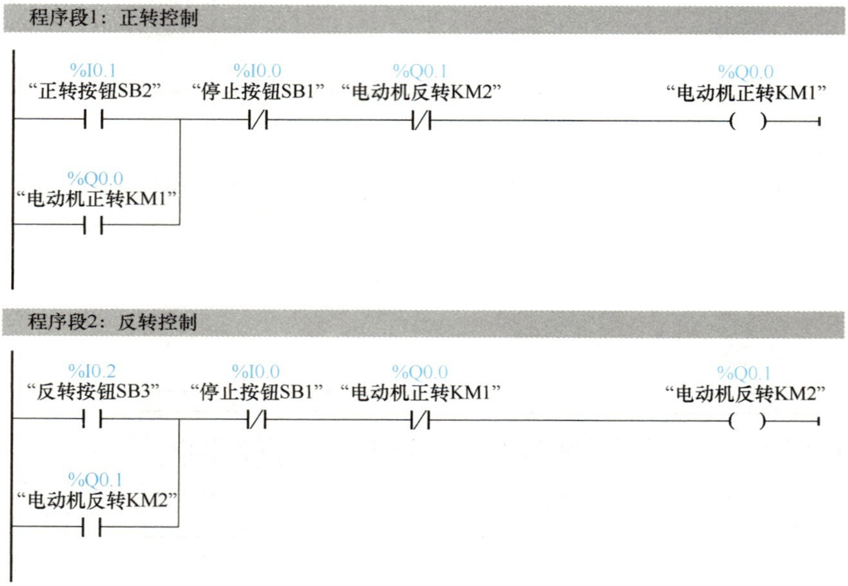

图 2-28 电动机正反转控制梯形图程序

设计梯形图程序时，除了按照继电控制电路适当调整触点顺序画出梯形图外，还可以对梯形图进行优化，将交织在一起的逻辑电路分离。因为在继电控制电路中，为了减少触点，节约硬件成本，控制电路会互相关联，例如图 2-23 中的停止按钮 SB1 就是 KM1 和 KM2 支路的公共元件。而在 PLC 的梯形图中，所有元件都是软元件，触点多次使用只是到寄存器位上读取数值，并不会增加硬件成本。所以在梯形图程序设计时，不需要考虑减少触点，只需要考虑其控制动作的逻辑关系的直观体现。如图 2-28 所示，电动机正反转控制参考程序中停止按钮 %I0.0 在正转控制程序段中使用，也可以在反转控制程序段中使用。

将电动机正反转控制程序编写完成，并下载至 PLC 中。

5. 调试运行

PLC 硬件 I/O 接线与程序下载完毕后，运行控制程序，进入在线监控模式，就可以根据电动机正反转控制的功能要求进行调试。

（1）正转控制调试 按下正转按钮SB2，输入继电器I0.1通电，PLC输入指示灯I0.1亮，PLC的输出指示灯Q0.0亮，接触器KM1吸合，电动机连续正转运转。

按下停止按钮SB1，KM1释放，电动机停止运转。

（2）反转控制调试 按下反转按钮SB3，输入继电器I0.2通电，PLC输入指示灯I0.2亮，PLC的输出指示灯Q0.1亮，接触器KM2吸合，电动机连续反转运转。

按下停止按钮SB1，KM2释放，电动机停止运转。

注意：控制程序的调试应反复进行，并且像电动机正反转控制这样带有联锁保护功能，还要进行联锁控制调试。在电动机正转运行时，按下反转按钮SB3，看看控制动作是否正常。同样，在电动机反转运行时，按下正转按钮SB2，查看记录程序运行情况。

➤ **知识拓展**

2.4.4 接触器按钮双重联锁正反转控制原理

接触器联锁正反转控制电路的优点是工作安全可靠，缺点是操作不便。因为电动机从正转变为反转时，只有先按下停止按钮后，才能按下反转起动按钮，否则由于接触器的联锁作用，不能实现反转。为克服此电路的不足，提高工作效率，可采用按钮和接触器双重联锁的正反转控制线路，如图2-29所示。

控制电路的工作原理：合上电源开关QS，接通电源。

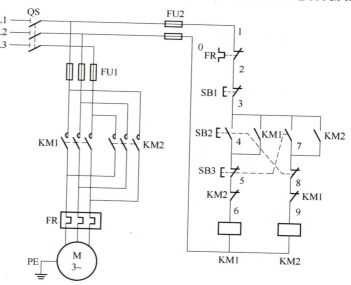

图2-29 按钮和接触器双重联锁正反转控制线路

1. 正转控制

按下正转起动按钮SB2，其动断触点（7-8）先分断，实现对KM2线圈支路的联锁保护；SB2的动合触点（3-4）后闭合，KM1线圈得电，KM1的辅助动断触点（8-9）先断开，再次实行对KM2的联锁保护，KM1的辅助动合触点（3-4）闭合，实现自锁，KM1主触点闭合，电动机M得电正转运行。

2. 反转控制

按下起动按钮SB3后，其动断触点（4-5）先分断，KM1线圈失电，KM1的辅助动合触点（3-4）先断开，解除自锁，KM1主触点断开，电动机M失电停止运行。KM1的辅助动断触点（8-9）闭合，解除对KM2的联锁保护；SB3的动合触点（3-7）后闭合，KM2线圈通电，KM2的辅助动断触点（5-6）先断开，实行对KM1的联锁保护，KM2的辅助动合触点（3-7）闭合，实现自锁，KM2主触点闭合，电动机M得电反转运行。

3. 停止控制

按下停止按钮 SB1，接触器线圈失电，电动机失电停转。

SB2 和 SB3 的动断按钮串联在对方的接触器控制电路中。这种利用按钮的动合、动断触点在电路中互相牵制的接法，称为按钮联锁。具有按钮、接触器双重联锁的控制电路是电路中常见的，也是最可靠的正、反转控制电路。它能实现由正转直接到反转，或由反转直接到正转的控制。

2.4.5　用 PLC 实现接触器按钮双重联锁正反转控制

根据前面所学的接触器联锁正反转控制电路的程序设计，我们可以看出，虽然控制动作改变了，但是由于输入输出信号的功能个数并没有变化，所以 PLC 的 I/O 分配就不需要改变了。I/O 分配不变，就意味着硬件接线不需要改变了，只需要进行电动机双重联锁正反转控制的程序设计。

根据电动机接触器按钮双重联锁正反转控制电路，我们很容易地就可以画出梯形图程序，如图 2-30 所示。

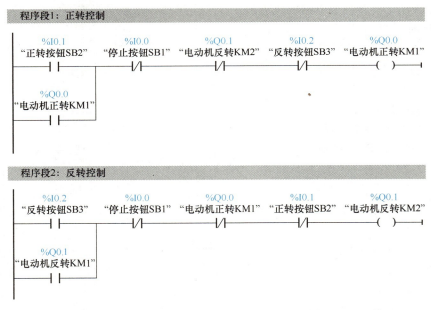

图 2-30　电动机双重联锁正反转控制程序

从这个控制任务中，就可以很直观地体现 PLC 控制比继电控制的优势。PLC 利用软件程序来进行控制动作的实现，如果控制动作进行变化了，而控制外部元件不变，只需要改变控制程序就可以了，比如设备的功能升级。而继电控制是用实际电器元件来实现相应功能的，控制功能稍有变化，其控制电路都要重新配线。

> ➤ 思考与练习

1. 设计两台电动机顺序控制电路，如图 2-31 所示。具体动作控制要求是：电动机 M1 得电运行后，电动机 M2 才能得电运行。

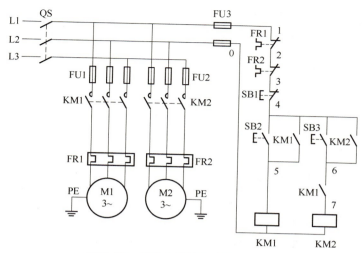

图2-31　两台电动机顺序控制电路

2. 设计工作台自动往返控制电路。在生产机械中，常需要控制某些生产机械的自动往返控制，如各种机床的工作台。利用生产机械运动部件上的挡铁与行程开关碰撞，使其触点动作来接通或断开电路，以达到控制生产机械运动部件位置或行程的控制。工作台自动往返运动的示意图如图2-32所示。两个行程开关SQ1和SQ2为换向位置开关，SQ3和SQ4为极限位置开关。工作台自动往返控制电路如图2-33所示。

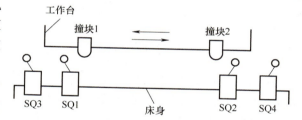

图2-32　工作台自动往返运动的示意图

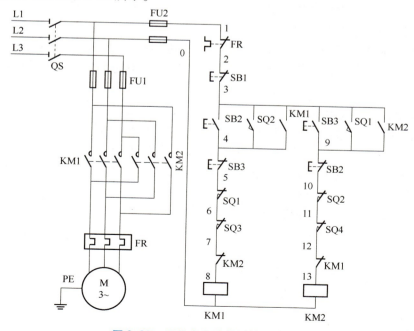

图2-33　工作台自动往返控制电路

2.5　三相异步电动机Y/△减压起动控制

➢ **学习要点**

知识点：
⊙ 掌握三相异步电动机Y/△减压起动控制原理。
⊙ 掌握各种定时器的用法。
⊙ 掌握定时器数据块的参数。

技能点：
⊙ 熟悉梯形图编程方法。
⊙ 会用S7-1200 PLC进行电动机Y/△减压起动控制硬件的接线。
⊙ 会用S7-1200 PLC进行电动机Y/△减压起动控制程序的编制。
⊙ 能够进行电动机Y/△减压起动控制运行调试。

➢ **知识学习**

2.5.1　三相异步电动机Y/△减压起动控制原理

所谓三相异步电动机的起动过程是指三相异步电动机从接入电网开始转动时起，到达额定转速为止的这一段过程。三相异步电动机在起动时起动转矩并不大，但定子绕组中的电流很大，通常可达额定电流的4~7倍，这么大的起动电流将带来下述不良后果。

① 起动电流过大使电压损失过大，起动转矩不足，电动机根本无法起动。
② 使电动机绕组发热，绝缘老化，从而缩短了电动机的使用寿命。
③ 造成过电流保护装置误动作、跳闸。
④ 使电网电压产生波动，进而形成影响连接在电网上的其他设备的正常运行。

因此，电动机起动时，在保证一定大小的起动转矩的前提下，还要求限制起动电流在允许的范围内。

三相交流笼型异步电动机的起动有两种方式：第一种是直接起动，即将额定电压直接加在电动机定子绕组端；第二种是减压起动，即在电动机起动时降低定子绕组上的外加电压，从而降低起动电流。起动结束后，将外加电压升高为额定电压，进入额定运行。两种方法各有优点，应视具体情况具体确定。从电动机功率的角度讲，通常认为满足下面两个条件之一时即可直接起动，否则应采用减压起动的方法。

① 功率在7kW以下的电动机。
② 符合下面的经验公式：

$$\frac{I_{st}}{I_N} \leqslant \frac{3}{4} + \frac{S}{4P_N}$$

式中　I_{st}——电动机起动电流（A）；
　　　I_N——电动机额定电流（A）；
　　　S——电源容量（kV·A）；

P_N——电动机额定功率（kW）。

常用的减压起动方式有：串联电阻（或电抗器）减压起动、丫/△减压起动、自耦变压器减压起动、延边三角形减压起动和软起动器起动等。

其中丫/△减压起动是定子绕组为△联结的电动机，起动时定子绕组接成丫联结，速度接近额定转速时转为△联结运行，丫/△减压起动的优点是不需要添置起动设备，有起动开关或交流接触器等控制设备就可以实现，缺点是只能用于△联结运行的电动机。

对于正常运行为△联结的三相交流异步电动机，可采用丫/△减压起动的方式，即电动机起动时，将定子绕组先连接为丫联结（此时每相绕组承受的电压为全压起动时的$1/\sqrt{3}$，起动电流为全压起动时的1/3，起动转矩为全压起动时的1/3）；待电动机转速上升到一定值时，再将定子绕组转接为△联结，使电动机在全压下运行。所以，丫/△减压起动方式，只适用于轻载或空载下的起动。

丫/△减压起动控制电路如图2-34所示。该电路由3个接触器、1个热继电器、1个时间继电器和2个按钮组成。接触器KM作为引入电源；接触器KM丫为丫联结减压起动用，KM△为△联结运行用；时间继电器KT用作控制丫联结减压起动时间，完成丫/△自动切换。SB1是起动按钮，SB2是停止按钮；FU1作为主电路的短路保护；FU2作为控制电路的短路保护；FR作为过载保护。

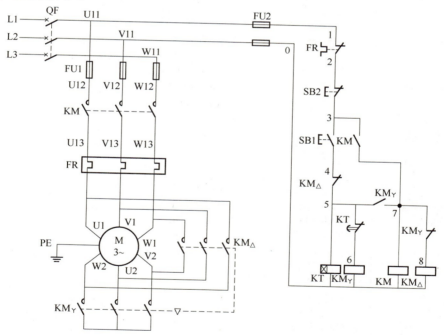

图2-34 电动机丫/△减压起动控制电路

电动机丫/△减压起动控制电路的工作原理：合上电源开关QF。

1. 电动机丫联结减压起动

按下起动按钮SB1，SB1动合触点（3-4）闭合，KT和KM丫线圈同时得电 KM丫的辅助动断触点（7-8）先断开，切断KM△的线圈实现联锁保护，KM丫的主触点闭合，电动机定子绕组接成丫联结，KM丫的辅助动合（5-7）闭合使KM线圈得电，KM自锁触点（3-7）闭合，KM 主触点闭合，电动机丫联结减压起动。

2. 电动机△联结全压运行

经起动整定时间延时后，时间继电器 KT 的动断触点（5-6）断开，使接触器 KM_Y 的线圈失电，KM_Y 主触点断开切除电动机丫联结，KM_Y 辅助动合（5-7）断开使 KT 线圈失电，KM_Y 联锁触点（7-8）闭合解除对 $KM_\triangle$ 的联锁保护，使 $KM_\triangle$ 线圈得电，$KM_\triangle$ 联锁触点（4-5）断开实现对丫联结起动电路的联锁保护，$KM_\triangle$ 主触点闭合，电动机△联结全压运行。

3. 停止控制

按下停止按钮 SB2，不论电动机处于丫联结起动还是△联结运行，所有接触器线圈都会失电，电动机停止工作。

注意：时间继电器延迟动作时间的长短，可依电动机功率来决定，电动机功率大延迟时间长，功率小则延迟时间短。

2.5.2 定时器

S7-1200 PLC 支持的定时器类型见表 2-17。

表 2-17 S7-1200 PLC 支持的定时器类型

LAD/FBD 功能框	LAD 线圈	SCL	说 明
IEC_Timer_0 TP Time IN Q PT ET	TP_DB ——(TP)—— "PRESET_Tag"	"IEC_Timer_0_DB". TP（ IN：= _bool_in_, PT：= _time_in_, Q = >_bool_out_, ET = >_time_out_）;	TP 定时器可生成具有预设宽度时间的脉冲
IEC_Timer_1 TON Time IN Q PT ET	TON_DB ——(TON)—— "PRESET_Tag"	"IEC_Timer_0_DB". TON(IN：= _bool_in_, PT：= _time_in_, Q = >_bool_out_, ET = >_time_out_）;	TON 定时器在预设的延时过后将输出 Q 设置为 ON
IEC_Timer_2 TOF Time IN Q PT ET	TOF_DB ——(TOF)—— "PRESET_Tag"	"IEC_Timer_0_DB". TOF(IN：= _bool_in_, PT：= _time_in_, Q = >_bool_out_, ET = >_time_out_）;	TOF 定时器在预设的延时过后将输出 Q 重置为 OFF
IEC_Timer_3 TONR Time IN Q R ET PT	TONR_DB ——(TONR)—— "PRESET_Tag"	"IEC_Timer_0_DB". TONR(IN：= _bool_in_, R：= _bool_in_, PT：= _time_in_, Q = >_bool_out_, ET = >_time_out_）;	TONR 定时器在预设的延时过后将输出 Q 设置为 ON。在使用 R 输入重置经过的时间之前，会跨越多个定时时段一直累加经过的时间
仅FBD: PT PT	TON_DB ——(PT)—— "PRESET_Tag"	PRESET_TIMER（ PT：= _time_in_, TIMER：= _iec_timer_in_）;	PT（预设定时器）线圈会在指定的 IEC_Timer 中装载新的 PRESET 时间值
仅FBD: RT	TON_DB ——(RT)——	RESET_TIMER（ _iec_timer_in_）;	RT（复位定时器）线圈会复位指定的 IEC_Timer

表 2-17 中定时器参数的数据类型说明见表 2-18。

表 2-18　定时器参数的数据类型说明

参　　数	数据类型	说　　明
功能框：IN 线圈：能流	Bool	TP、TON 和 TONR： 功能框：0 = 禁用定时器，1 = 启用定时器 线圈：无能流 = 禁用定时器，能流 = 启用定时器 TOF： 功能框：0 = 启用定时器，1 = 禁用定时器 线圈：无能流 = 启用定时器，能流 = 禁用定时器
R	Bool	0 = 不重置；1 = 将经过的时间和 Q 位重置为 0
功能框：PT 线圈："PRESET_Tag"	Time	定时器预设的时间值
功能框：Q 线圈：DBdata. Q	Bool	功能框：Q 功能框输出或定时器 DB 数据中的 Q 位 线圈：仅可寻址定时器 DB 数据中的 Q 位
功能框：ET 线圈：DBdata. ET	Time	功能框：ET（经过的时间）功能框输出或定时器 DB 数据中的 ET 时间值 线圈：仅可寻址定时器 DB 数据中的 ET 时间值

这里以常用的定时器 TP、TON、TOF、TONR 为主加以介绍。使用定时器指令可创建编程的时间延时。用户程序中可以使用的定时器数仅受 CPU 存储器容量限制。每个定时器占用 16B 的存储器空间。每个定时器都使用一个存储在数据块中的结构来保存定时器数据。对于 SCL，必须首先为各个定时器指令创建 DB 方可引用相应指令。对于 LAD 和 FBD，STEP 7 会在插入指令时自动创建 DB。

1. 脉冲定时器 TP

脉冲定时器 TP 的功能见表 2-19。

表 2-19　脉冲定时器（TP）的功能

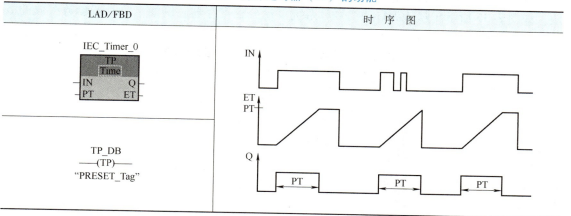

从 TP 时序图可以分析出，用户可以使用"生成脉冲"指令来使输出 Q 产生一个预先设定时间的脉冲。TP 指令在输入 IN 发生由"0"到"1"变化时开始。当此指令开始后，不

论输入的状态如何变化（甚至检测到新的上升沿），输出 Q 都将在编程时间（PT）内保持"1"的状态。

用户可以通过输出 ET 来查询定时器运行了多长时间。此时间从 T#0s 开始，到达预设时间（PT）截止。ET 的数值可以在 PT 运行，并且输入 IN 为"1"时查询。

当用户在程序中插入"产生脉冲"指令时，需要为其指定一个用来存储参数的变量。

PT（预设时间）和 ET（经过的时间）值以表示毫秒时间的有符号双精度整数形式存储在指定的 IEC_TIMER DB 数据中。TIME 数据使用 T#标识符，可以简单时间单元（T#200ms 或 200）和复合时间单元（如 T#2s_200ms）的形式输入。TIME 数据类型的大小和范围见表 2-20。

表 2-20 TIME 数据类型的大小和范围

数据类型	大　　小	有效数值范围
TIME	32 位，以 Dint 数据的形式存储	T#-24d_20h_31m_23s_648ms 到 T#24d_20h_31m_23s_647ms 以 -2147483648ms 到 +2147483647ms 的形式存储

例如：使用一个脉冲定时器完成一个楼道灯定时控制。

① 在"基本指令"任务卡中，展开"定时器操作"文件夹，然后将 TP 定时器拖放到程序段运行触点%I0.3 后，如图 2-35 所示。

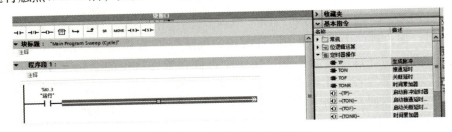

图 2-35 TP 定时器加入程序段

② 将 TP 指令拖放到程序段后，将自动创建一个用于存储定时器数据的单个背景数据块，如图 2-36 所示。默认为自动编号后系统自动分配寄存器。例如，定时器参数存放的数据寄存器"IEC_Timer_0_DB_1"，单击"确定"按钮创建 DB。

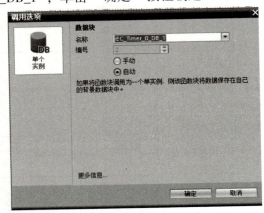

图 2-36 创建背景数据块

③ 创建一个 5s 延时脉冲。双击预设时间（PT，Preset Time）参数，输入常数值"5000"（5000ms 即 5s），也可以输入"5s"表示 5s，如图 2-37 所示。

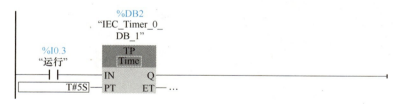

图 2-37　输入预设时间值 PT

④ 最后，插入一个将工作 5s（TP 指令的预设值）的线圈%Q0.3，用于控制灯，如图 2-38 所示。

图 2-38　放置控制灯线圈

⑤ 下载运行程序后，当闭合运行开关%I0.3 时，灯%Q0.3 就点亮 5s。

如果想看看开关、灯及定时器的运行状态，可以创建一个监控表，在项目树的设备中，打开监控与强制表文件夹，添加新"监控表_1"，如图 2-39 所示。

然后在"监控表_1"中添加需要监控的元件，运行%I0.3、灯%Q0.3 和定时器参数存放的数据寄存器"IEC_Timer_0_DB_1"中的 PT 或 ET 等参数，如图 2-40 所示。

图 2-39　添加新监控表

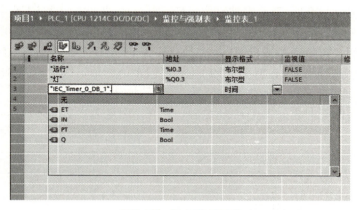

图 2-40　添加监控元件

当控制程序运行时，打开监控表后，就可以实时观察到控制元件的状态了，如图 2-41 所示。

2. 接通延时定时器 TON

接通延时定时器 TON 的控制功能时序图，见表 2-21。

图 2-41　监控表监控状态

表 2-21　TON 的控制功能时序图

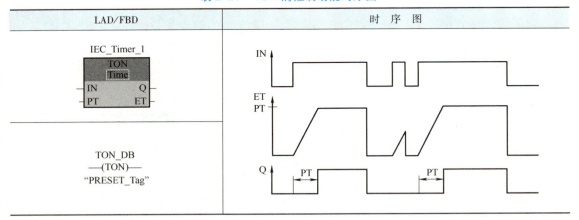

用户可以使用"接通延时"TON 指令来使输出 Q 延迟一个预先设定时间的输出。该指令在输入 IN 发生由"0"到"1"变化时开始。当该指令开始后，时间计时开始，当到达 PT 时间后，输出 Q 为"1"。只要输入仍为"1"，则输出将保持为"1"。如果输入的状态由"1"变为"0"，则输出被复位，ET 复位。如果在输入检测到一个新的上升沿，那么定时指令将重新开始。

用户可以通过输出 ET 来查询从输入 IN 出现上升沿到当前维持了多长时间。此时间从 T#0s 开始，到达预设时间（PT）截止。ET 的数值可以在输入 IN 为"1"时查询。

3. 关断延时定时器 TOF

关断延时定时器 TOF 的控制功能时序图见表 2-22。

表 2-22　TOF 的控制功能时序图

LAD/FBD	时　序　图
IEC_Timer_2 TOF Time IN　Q PT　ET TOF_DB —(TOF)— "PRESET_Tag"	IN ET PT Q

用户可以使用"关断延迟"TOF指令使输出Q在IN下降沿时延迟一个预先设定时间PT动作。

输出Q在输入IN发生由"0"到"1"变化时开始被置1。当IN变为"0"以后，预设定时PT开始计时，只要ET计时输出Q保持为1，当到达PT设定时间后，输出Q为"0"。如果输入IN在PT时间之内又变为"1"，则定时器经过值ET被复位，输出保持为"1"。

用户可以通过输出ET来查询定时器运行了多长时间。此时间从T#0s开始，到达预设时间（PT）截止。在输入IN变回"1"之前，ET的数值保持当前值。如果在到达PT时间之前输入IN变为"1"，那么输出ET将复位为数值T#0。

4. 时间累加器 TONR

时间累加器 TONR 的控制功能时序图，见表2-23。

表2-23　TONR 的控制功能时序图

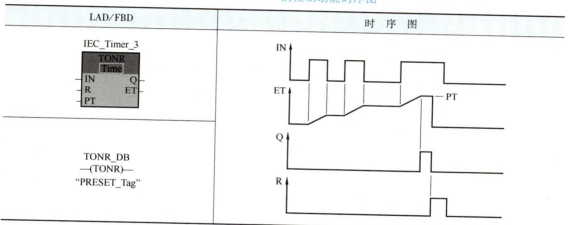

LAD/FBD	时 序 图

用户可以使用"时间累加器"TONR指令来累计计时一个预先设定时间PT。当输入IN为"1"时，指令开始计时。指令累计计时输入IN为"1"的时间，此时间可以通过输出ET查询。当设定的PT时间到达时，输出Q变为"1"。当输入IN为"0"时，计时停止，时间经过值ET保持原值不变。无论IN的状态如何，输入R将复位输出ET及Q。

定时器线圈"–（TP）–""–（TON）–""–（TOF）–"和"–（TONR）–"与功能框指令相同，但是线圈必须是网络中的最后一个指令。如图2-42中所示，后面网络中的触点指令会求出定时器线圈"IEC_Timer_DB"数据中的Q位值。同样，如果要在程序中使用经过的时间值，必须访问"IEC_Timer_DB"数据中的ET元素。

图2-42　定时器线圈举例

注意：定时器类型较多，对于每个器件的认知学习，都需要通过像 TP 指令一样的过程，先掌握器件的工作原理，再通过实际的应用程序进行操作运用，并且通过监控表的监控数值进一步验证器件工作过程，以达到对每种器件的掌握。

➤ **任务实施**

2.5.3　应用 PLC 实现电动机Y/△减压起动控制

1. 控制任务分析

按下起动按钮 SB1，接触器 KM_Y、KM 得电，电动机Y联结减压起动；延时 5s 后 KM_Y 失电，KM_△ 得电，电动机△联结全压运行。

按下停止按钮 SB2 后，不论在起动过程还是运行过程中，接触器 KM、KM_Y、KM_△ 全部失电，电动机停止运行。

按照三相异步电动机Y/△减压起动控制的动作过程画出控制时序图，如图 2-43 所示。

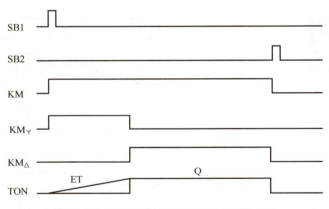

图 2-43　电动机Y/△减压起动控制时序图

2. I/O 地址分配

根据三相异步电动机Y/△减压起动控制的分析，我们知道为了实现控制动作，PLC 需要两个输入信号触点和 3 个输出信号触点，I/O 地址分配见表 2-24。

表 2-24　I/O 地址分配

输　　入			输　　出		
输入元件	输入接口	功　　能	输出元件	输出接口	功　　能
SB1	%I0.0	起动按钮	KM	%Q0.0	控制电源接触器
SB2	%I0.1	停止按钮	KM_Y	%Q0.1	电动机Y联结接触器
			KM_△	%Q0.2	电动机△联结接触器

3. 硬件接线

PLC 控制实现电动机Y/△减压起动控制的主电路仍然与继电控制相同，如图 2-34 所示；I/O 接线如图 2-44 所示。

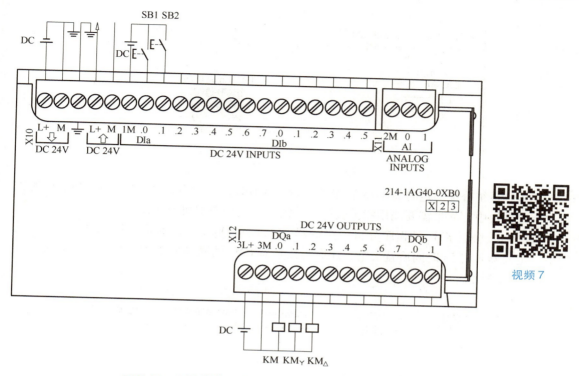

图2-44　电动机Y/△减压起动控制 I/O 接线

4. 软件程序设计

根据三相异步电动机Y/△减压起动控制的动作分析及 I/O 地址分配，对于 3 个输出信号，我们可以分开一个一个去实现运行功能。这个任务中，Y联结接触器先得电 5s 后失电，△联结接触器在 5s 后Y联结接触器失电后得电，可以选用通电延时定时器 TON 来完成时间控制。程序控制变量表如图2-45 所示。

电机控制							
	名称		数据类型	地址	保持	可从…	从 H…	在 H…
1	起动按钮SB1		Bool	%I0.0	☐	☑	☑	☑
2	停止按钮SB2		Bool	%I0.1	☐	☑	☑	☑
3	电源KM		Bool	%Q0.0	☐	☑	☑	☑
4	Y联结KM$_Y$		Bool	%Q0.1	☐	☑	☑	☑
5	△联结KM$_△$		Bool	%Q0.2	☐	☑	☑	☑

图2-45　程序控制变量表

（1）对电源接触器 KM（%Q0.0）和定时器的程序分析设计　接触器 KM 线圈%Q0.0 在起动按钮%I0.0 闭合后就连续得电，停止按钮%I0.1 闭合就失电。根据动作分析其控制程序就是我们前面学习过的连续控制，可以选用线圈指令也可以用置复位指令。从前面所分析的动作时序图中可以看出，定时器在 KM 得电时开始延时，延时时间 5s 后动作，所以选用通电延时定时器 TON，其控制信号 IN 为%Q0.0 得电状态。例如，用起保停线圈和 TON 完成控制动作的参考程序如图2-46 所示。

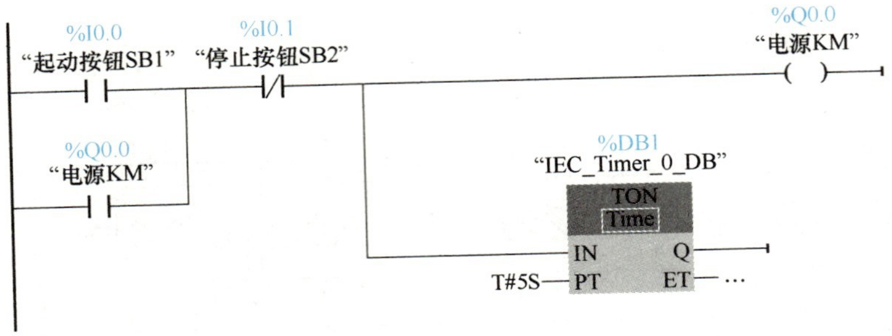

图 2-46　电源接触器 KM 及定时器控制参考程序

注意：系统分配的定时器 TON 背景数据块是 %DB1，其所有参数 PT、ET、IN、Q 等都在这个数据块中，如果需要调用相关数值，就需要到这个数据块中选择。

（2）对接触器 KM$_Y$ 的程序分析　接触器 KM$_Y$（%Q0.1）在 KM（%Q0.0）得电时就得电，定时器延时 5s 时间后就失电，还有与接触器 KM$_\triangle$ 的联锁保护和停止信号，其参考程序如图 2-47 所示。

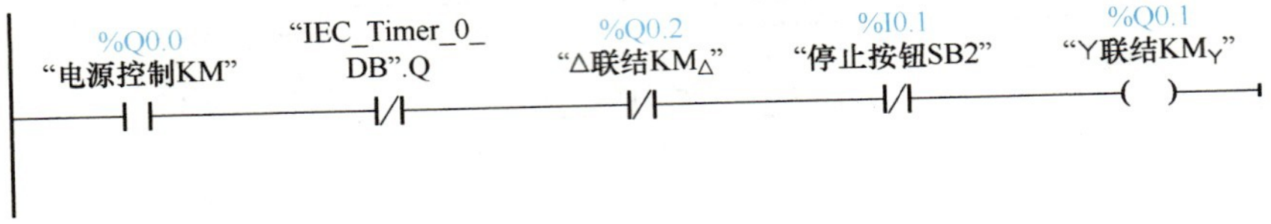

图 2-47　KM$_Y$ 控制的参考程序

（3）对接触器 KM$_\triangle$ 的程序分析　接触器 KM$_\triangle$（%Q0.2）在定时器延时 5s 时间后得电，按下停止按钮后失电，还有与接触器 KM$_Y$ 的联锁保护，其参考程序如图 2-48 所示。

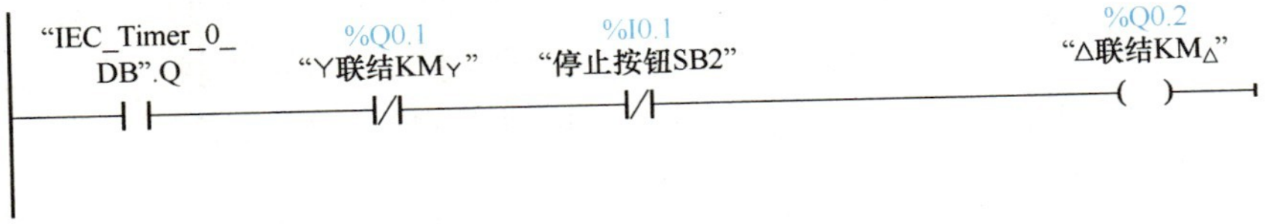

图 2-48　KM$_\triangle$ 控制的参考程序

5. 调试运行

I/O 接线与程序下载完毕后，就可根据电动机 Y/△ 减压起动控制的功能要求进行调试。

在功能调试期间，通过建立监控表，将所有信号的参数都在线运行时监控，逐步掌握常用的定时器功能及各个参数变化情况。

➤ 思考与练习

1. S7-1200 支持的定时器有几种？

2. 接通延时定时器 TON 的经过值 ET 在定时器工作过程中怎样变化？

3. 定时器背景数据块存储哪些定时器参数？

4. 请设计两个灯的控制，开关 S 闭合后，灯 HL1 常亮，延时 3s 后灯 HL2 亮；开关 S 断开后，灯 HL1 和灯 HL2 熄灭。

2.6 三级传送带顺起逆停控制

➤ 学习要点

知识点：
- ⊙ 掌握三级传送带顺起逆停控制原理。
- ⊙ 掌握全局数据块的设置方法。
- ⊙ 掌握程序分析与编程方法。

技能点：
- ⊙ 会用S7-1200 PLC进行三级传送带顺起逆停控制硬件的接线。
- ⊙ 会用S7-1200 PLC进行三级传送带顺起逆停控制程序的编制。
- ⊙ 能够进行三级传送带顺起逆停控制运行调试。

➤ 知识学习

2.6.1 三级传送带顺起逆停控制原理

传送带又名带式输送机、胶带机、胶带输送机，是一种广泛应用于矿山、化工、水泥工厂的传输机械。

传送带由驱动装置、拉紧装置、输送带中部构架和托辊组成牵引和承载构件，借以连续输送散碎物料或成件品。传送带是一种摩擦驱动以连续方式运输物料的机械。应用它，可以将物料放在一定的输送线上，从最初的供料点到最终的卸料点间形成一种物料的输送流程。它既可以进行碎散物料的输送，也可以进行成件物品的输送。除进行纯粹的物料输送外，还可以与各工业企业生产流程中的工艺过程的要求相配合，形成有节奏的流水作业运输线。所以传送带广泛应用于现代化的各种工业企业中。

三级传送带是由三台电动机控制的传输系统，运行示意图如图2-49所示。

要求几台电动机的起动或停止必须按照一定的先后顺序来完成的控制方式，称为电动机的顺序控制。

在三级传送带控制中，由于需要防止传输的物料在传送带上堆积，就要求传送带在起动的时候从出料端向放料端依次起动各级控制电动机。图2-49中，电动机起动顺序为M3→M2→M1。停止时要求将物料全部传输完再停止，就需要从放料端向出料端依次停止各级控制电动机，电动机停止顺序为M1→M2→M3。这个过程我们称之为顺起逆停过程。

三级传送带控制的电动机主电路如图2-50所示。起动间隔时间和停止

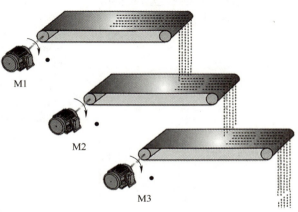

图2-49 三级传送带运行示意图

81

间隔时间一般根据传送带具体情况确定，一般起动时是空载运行时间间隔较短，而停止时需要根据传送带传输距离的长短及传输速度来确定。

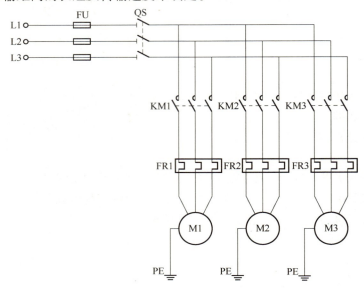

图 2-50   三级传送带控制的电动机主电路

2.6.2   定时器数据存储使用全局数据块

无论将定时器放在什么位置（OB、FC 或 FB），所创建的全局数据块存储的定时器参数控制选项都有效。

1）创建一个全局数据块。

① 在项目树中双击"添加新块"（Add new block），如图 2-51 所示。

② 在弹出的"添加新块"对话框中进行参数设置，如图 2-52 所示。可以在名称框内给数据块起个名字，也可以默认为"数据块_1"。单击数据块（DB）图标。对于"类型"（Type），选择"全局 DB"（global DB）。

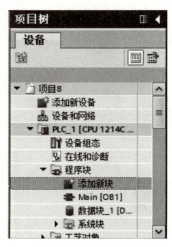

图 2-51   添加新块

图 2-52   设置新块参数

如果希望能够将该数据块中各数据元素选择为具有保持性，则确保选中数据块类型"优化"（Optimized）框。另一个数据块类型选项"标准"与 S7-300/400 兼容（Standard-compatible with S7-300/400）仅允许将所有 DB 数据元素都设置为具有保持性或没有保持性。

最后单击"确定"按钮。

2）向数据块中添加定时器结构。

双击打开所创建的数据块，向该数据块添加定时器数据结构，如图 2-53 所示。可根据需要重命名定时器结构，如图中"T1"。在新的全局数据块中，添加 IEC_Timer 数据类型的静态变量。

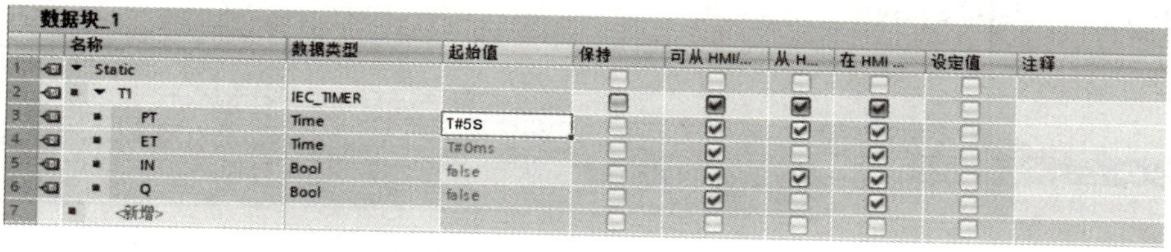

图 2-53　添加数据结构

在"保持性"（Retain）列中，选中相应框以使该结构具有保持性。

重复此过程为要存储在该数据块中的所有定时器创建结构。

可以将每个定时器结构放置在独立的全局数据块中，也可以将多个定时器结构放置在同一个全局数据块中。除定时器外，还可以将其他静态变量放置在该全局数据块中。将多个定时器结构放置在同一个全局数据块中可减少总的块数。

3）打开程序块来选择保持性定时器的放置位置（OB、FC 或 FB）。

4）将定时器指令放置在所需位置，如图 2-54 所示。

图 2-54　添加定时器

5）在调用选项对话框出现后，单击"取消"按钮。

6）在新的定时器指令上方，输入上面所创建全局数据块和定时器结构的名称（请勿使用助手浏览），例如"数据块_1".T1；也可以在详细视图中打开数据块，将 T1 拖动到定时器指令上方，如图 2-55 所示。

7）设置定时器参数值。定时器的参数如 PT、ET 等，在全局数据块创建时就都指定了，在程序中定时器的 PT 可以直接设置成常数（例如：T#5s），也可以使用全局变量中的存储值，如图 2-56 所示。

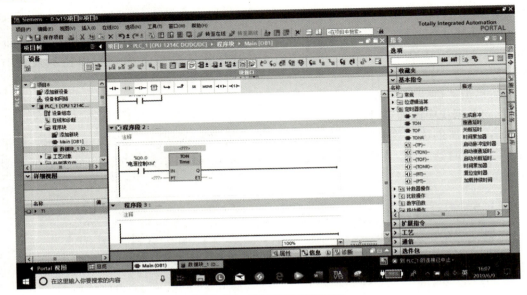

图 2-55　设置定时器数据块

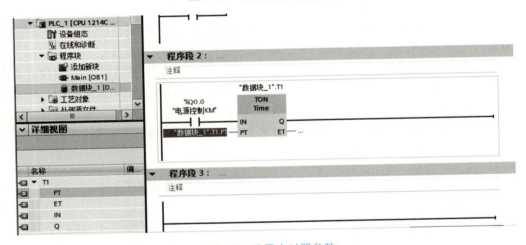

图 2-56　设置定时器参数

➢ **任务实施**

2.6.3　应用 PLC 实现三级传送带顺起逆停控制

1. 控制任务分析

根据三级传送带顺起逆停控制的要求进行控制动作分析，首先合上电源开关 QS。

（1）起动过程　按下起动按钮 SB1 后，电动机 M3 起动运行，延时 2s 后电动机 M2 起动，再延时 2s 电动机 M1 起动，起动过程完成。三级传送带进入正常运行状态。

（2）停止过程　按下停止按钮 SB2 后，电动机 M1 先停止，延时 4s 后电动机 M2 停止，再延时 4s 后电动机 M3 停止。三级传送带运行结束。

按照三级传送带顺起逆停控制的动作过程画出控制时序图，如图 2-57 所示。

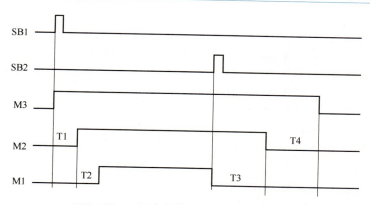

图 2-57　三级传送带顺起逆停控制时序图

2. I/O 地址分配

根据三级传送带顺起逆停控制的分析，我们知道为了实现控制动作，PLC 需要两个输入信号触点和三个输出信号触点，I/O 地址分配见表 2-25。

表 2-25　I/O 地址分配

输　　入			输　　出		
输入元件	输入接口	功　能	输出元件	输出接口	功　能
SB1	% I0.0	起动按钮	KM1	% Q0.0	控制电动机 M1
SB2	% I0.1	停止按钮	KM2	% Q0.1	控制电动机 M2
			KM3	% Q0.2	控制电动机 M3

3. 硬件接线

PLC 控制实现三级传送带顺起逆停控制的主电路如图 2-50 所示；I/O 接线如图 2-58 所示。

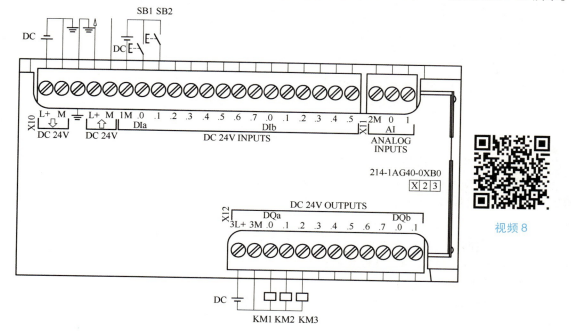

视频 8

图 2-58　三级传送带控制的 I/O 接线

4. 软件程序设计

根据三级传送带顺起逆停控制的动作分析及 I/O 地址分配，通过三级传送带顺起逆停控制时序图可以看出，三台电动机的动作都是互相关联的，所以需要整体分析控制动作过程。

起动过程中需要 2 个控制 2s 的定时器 T1、T2，在此选用接通延时定时器，而且定时器的 IN 信号应为连续信号，定时器 T1 的 IN 信号可以用电动机 M3 信号，第二个定时器可以用定时器 T1 的参数 Q 控制。

停止过程中需要 2 个 4s 的定时器 T3、T4，定时器 T3 的 IN 信号是停止按钮 SB2 发出的，而停止按钮并不是连续信号，不能让操作人员一直按着停止按钮直至停止动作结束。所以这里需要一个辅助继电器 M10.0 来保持停止信号，作为定时器的 IN 信号。

创建定时器全局数据块，存放 T1 ~ T4 的数据，如图 2-59 所示。

		名称	数据类型	起始值	保持	可从 HMI/	从 H	在 HMI ...
1		▼ Static						
2		▶ T1	IEC_TIMER		☐	☑	☑	☑
3		▶ T2	IEC_TIMER		☐	☑	☑	☑
4		▶ T3	IEC_TIMER		☐	☑	☑	☑
5		▼ T4	IEC_TIMER		☐	☑	☑	☑
6		PT	Time	T#0ms	☐	☑	☑	☑
7		ET	Time	T#0ms	☐	☑	☑	☑
8		IN	Bool	false	☐	☑	☑	☑
9		Q	Bool	false	☐	☑	☑	☑

图 2-59　定时器全局数据块

总体分析后，将每个动作变化的信号及器件都选择好后，对于三个输出信号，就可以分开一个一个去实现运行功能。程序控制变量表如图 2-60 所示。

		名称	数据类型	地址	保持	可从...	从 H	在 H...	注释
1		起动按钮SB1	Bool	%I0.0	☐	☑	☑	☑	
2		停止按钮SB2	Bool	%I0.1	☐	☑	☑	☑	
3		KM1	Bool	%Q0.0	☐	☑	☑	☑	
4		KM2	Bool	%Q0.1	☐	☑	☑	☑	
5		KM3	Bool	%Q0.2	☐	☑	☑	☑	
6		逆停辅助	Bool	%M10.0	☐	☑	☑	☑	
7		<添加>			☐	☑	☑	☑	

图 2-60　三级传送带顺起逆停程序控制变量表

（1）电动机 M3 控制和顺起时间控制　按下起动按钮 SB1 后，电动机 M3 先起动并连续运行，直到逆停第二个定时器 T4 延时时间 4s 动作后才停止。由于 M3 是连续运行的，所以可以做定时器 T1 的 IN 控制信号。定时器 T1 的 Q 可以作为定时器 T2 的 IN 信号。控制程序如图 2-61 所示。

（2）逆停时间控制　逆停辅助控制继电器%M10.0 的作用是保持停止动作完成逆停的时间控制，%M10.0 的起动条件是停止按钮 SB2，停止条件可以是 SB1，也可以是 T4 的 Q 信号，控制参考程序如图 2-62 所示。

（3）电动机 M2 控制　三级传送带的电动机 M2 是在电动机 M3 起动 2s（定时器 T1）后才起动，M2 的停止是在电动机 M1 停止后 4s（定时器 T3）停止。参考程序如图 2-63 所示。

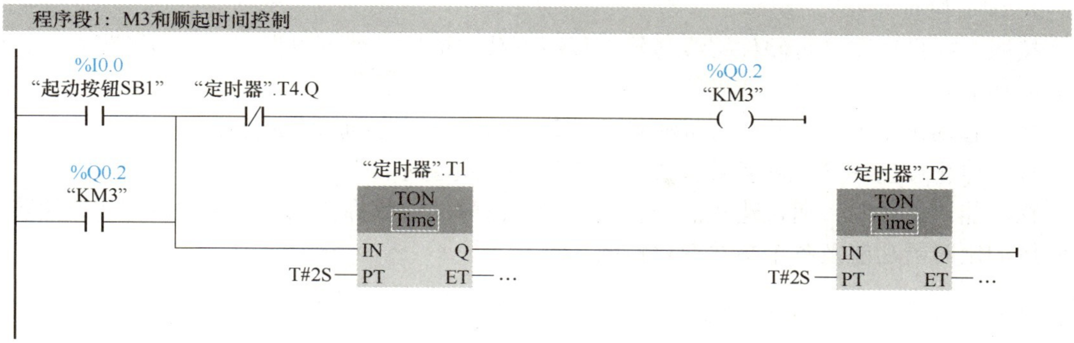

程序段1：M3和顺起时间控制

图 2-61　M3 和顺起时间控制

程序段2：逆停时间控制

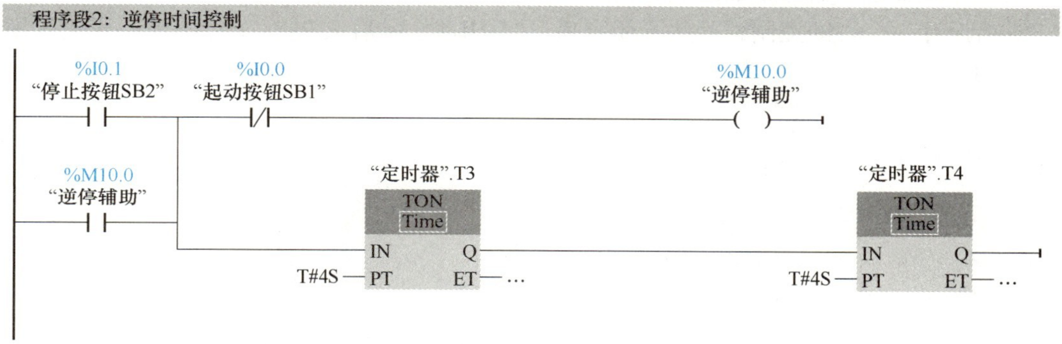

图 2-62　逆停时间控制

程序段3：M2控制

图 2-63　电动机 M2 控制参考程序

（4）电动机 M1 控制　电动机 M1 在传送带控制中，起动条件是电动机 M2 起动后 2s（定时器 T2）起动，停止条件是按下停止按钮 SB2 就停止，参考程序如图 2-64 所示。

程序段4：M1控制

图 2-64　电动机 M1 控制参考程序

注意：在 M1 控制中，停止条件用辅助继电器% M10.0，而不是停止按钮% I0.1。这是因为在该控制中定时器 T2 的动合触点是一直闭合的，如果用% I0.1 就会出现松开停止按钮后，% Q0.0 就又会得电的现象。

5. 调试运行

按照 I/O 接线图进行硬件接线与软件程序下载完毕后，就可以根据三级传送带顺起逆停控制的功能要求进行调试。

按下起动按钮 SB1，观察电动机 M1、M2、M3 的顺序起动动作过程。

按下停止按钮 SB2，观察电动机 M1、M2、M3 的逆序停止动作过程。

在功能调试期间，通过建立监控表，将所有信号的参数都在线运行时加以监控，逐步掌握常用的定时器功能及各个参数变化情况。

➢ 思考与练习

1. 全局数据块如何创建？

2. 怎样设置定时器背景数据块为全局数据块？

3. 请设计一个灯的控制，开关 S 闭合后，灯 HL 亮 3s 后灭 2s，如此循环；开关 S 断开后，灯 HL 熄灭。

模块3

PLC灯光控制应用

本模块是 PLC 技术的基础模块，在学习了 PLC 控制三相异步电动机运行的基础上，进一步深入学习程序设计，加深对定时器、计数器等元件的应用，以及比较指令、移动指令的认识应用。以电工国家职业技能标准要求中级工掌握的 PLC 技术的知识点和技能点为基础向高级工知识点和技能点过渡，主要通过灯光翻转控制、8 灯交替闪烁控制、交通信号灯控制、天塔之光控制等任务，由简到难逐步进行 PLC 技术的基本指令和数据处理指令的学习及应用。

3.1　灯光翻转控制

➤ 学习要点

知识点：
⊙ 掌握计数器的工作原理。
⊙ 掌握程序分析设计方法。

技能点：
⊙ 会用 S7-1200 PLC 进行灯光翻转控制硬件的接线。
⊙ 会用 S7-1200 PLC 进行灯光翻转控制梯形图程序的编制。
⊙ 会进行灯光翻转控制运行调试。

➤ 知识学习

3.1.1　计数器的工作原理

计数器顾名思义是对控制过程中的动作进行计数的控制元件。进行 PLC 的计数器操作时，可以打开编程软件右侧指令标签，选择基本指令，点开计数器操作文件夹，如图 3-1 所示。

S7-1200 PLC 支持的计数器类型见表 3-1。

每个计数器都使用数据块中存储的结构来保存计数器数据。对于 SCL，必须首先为各个计数器指令创建 DB 方可引用相应指令。对于 LAD 和 FBD，STEP 7 会在插入指令时自动创建 DB。计数器参数的数据类型见表 3-2。

图 3-1　计数器操作

表 3-1　S7-1200 PLC 支持的计数器类型

LAD/FBD	SCL	说　明
"Counter name" CTU Int CU　Q R　CV PV	"IEC_Counter_0_DB".CTU(　　CU：= _bool_in, 　　R：= _bool_in, 　　PV：= _in, 　　Q = > _bool_out, 　　CV = > _out);	可使用计数器指令对内部程序事件和外部过程事件进行计数；每个计数器都使用数据块中存储的结构来保存计数器数据；用户在编辑器中放置计数器指令时分配相应的数据块；CTU 是加计数器，CTD 是减计数器，CTUD 是加减计数器
"Counter name" CTD Int CD　Q LD　CV PV	"IEC_Counter_0_DB".CTD(　　CD：= _bool_in, 　　LD：= _bool_in, 　　PV：= _in, 　　Q = > _bool_out, 　　CV = > _out);	
"Counter name" CTUD Int CU　QU CD　QD R　CV LD PV	"IEC_Counter_0_DB".CTUD(　　CU：= _bool_in, 　　CD：= _bool_in, 　　R：= _bool_in, 　　LD：= _bool_in, 　　PV：= _in_, 　　QU = > _bool_out, 　　QD = > _bool_out, 　　CV = > _out_);	

表 3-2　计数器参数的数据类型

参　数	数据类型	说　明
CU	Bool	加计数，按加 1 计数
CD	Bool	减计数，按减 1 计数
R（CTU, CTUD）	Bool	将计数值重置为零
LD（CTD, CTUD）	Bool	预设值的装载控制
PV	Sint, Int, DInt, USInt, UInt, UDInt	预设计数值
Q, QU	Bool	$CV \geq PV$ 时为真
QD	Bool	$CV \leq 0$ 时为真
CV	Sint, Int, DInt, USInt, UInt, UDInt	当前计数值

用户程序中可以使用的计数器数仅受 CPU 存储器容量限制，各个计数器使用 3B（表示 SInt 或 USInt）、6B（表示 Int 或 UInt）或 12B（表示 DInt 或 UDInt）。

CU、CD 和 CTUD 指令使用软件计数器，软件计数器的最大计数速率受其所在 OB 的执行速率限制。S7-1200 PLC 还提供高速计数器（HSC），用于计算发生速率快于 OB 执行速率的事件。

1. 加计数器 CTU

加计数器 CTU 运行操作时序图见表 3-3。

表 3-3　加计数器（CTU）运行操作时序图

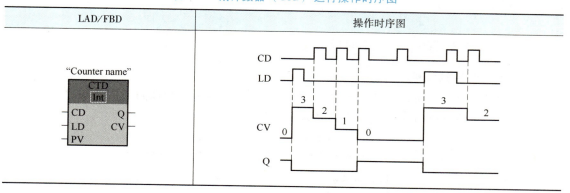

当参数 CU 的值从 0 变到 1 时，CTU 计数器就会使计数值 CV 加 1。

表 3-3 中的操作时序图显示了具有无符号整数计数值的 CTU 计数器的运行情况（其中 PV = 3）。

如果参数 CV（当前计数值）的值大于或等于参数 PV（预设计数值）的值，则计数器输出参数 Q = 1。如果复位参数 R 的值从 0 变为 1，则 CV 复位为 0。

2. 减计数器 CTD

减计数器 CTD 运行操作时序图见表 3-4。

表 3-4　减计数器（CTD）运行操作时序图

当参数 CD 的值从 0 变到 1 时，CTD 计数器就会使计数值 CV 减 1。

表 3-4 中的时序图显示了具有无符号整数计数值的 CTD 计数器的运行情况（其中 PV = 3）。

如果参数 CV（当前计数值）的值小于或等于 0，则计数器输出参数 Q = 1。如果参数 LD 的值从 0 变为 1，参数 PV（预设值）的值将作为新的 CV 装载到计数器。

3. 加减计数器 CTUD

加减计数器 CTUD 运行操作时序图见表 3-5。

表 3-5　加减计数器（CTUD）运行操作时序图

LAD/FBD	操作时序图
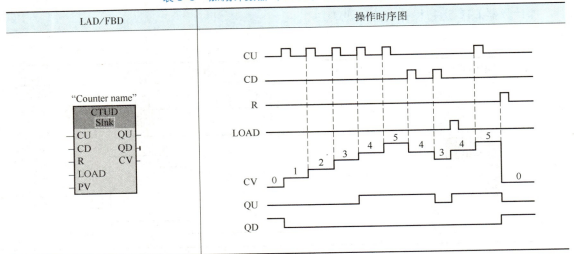	

表 3-5 中的时序图显示了具有无符号整数计数值的 CTUD 计数器的运行情况（其中 PV = 4）。当加计数 CU 输入或减计数 CD 输入从 0 转换到 1 时，CTUD 计数器 CV 将加 1 或减 1。

如果参数 CV（当前计数值）的值大于或等于参数 PV（预设值）的值，则计数器输出参数 QU = 1。如果参数 CV 的值小于或等于零，则计数器输出参数 QD = 1。

如果参数 LOAD 的值从 0 变为 1，则参数 PV 的值将作为新的 CV 装载到计数器。

如果复位参数 R 的值从 0 变为 1，则 CV 复位为 0。

➢ **任务实施**

3.1.2　应用 PLC 实现灯光翻转控制

1. 灯光翻转控制分析

具体控制动作要求是：当开关 K 闭合一次后，灯 HL 长亮，再闭合一次后，灯熄灭，依次循环。灯光翻转控制时序图如图 3-2 所示。

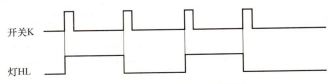

图 3-2　灯光翻转控制时序图

从时序图上可以看出，开关闭合第一次灯 HL 亮，开关闭合第二次灯 HL 灭，依次循环，灯的亮灭变化与开关闭合瞬间，也就是开关的上升沿有关。

2. I/O 地址分配

根据灯光翻转控制的分析可知道，为了实现控制动作，PLC 需要一个输入信号触点和一个输出信号触点。I/O 地址分配见表 3-6。

表 3-6　I/O 地址分配

输 入			输 出		
输入元件	输入接口	功　能	输出元件	输出接口	功　能
K	%I0.0	开关	HL	%Q0.0	灯

3. 硬件接线

PLC 控制实现灯光翻转控制的 I/O 接线如图 3-3 所示。

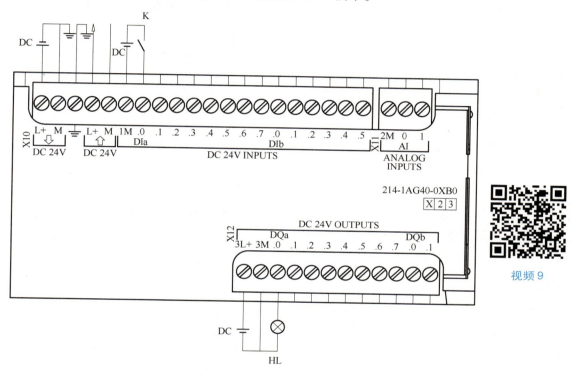

图 3-3　灯光翻转控制的 I/O 接线

按照接线图进行接线，对于负载接线时的注意事项如下：

1）要认真核对 PLC 的输出接口的电源与输出负载的电源是否一致，如果不一致，则需要进行扩展加直流继电器。

2）对于输出信号的连接，还要查看负载工作电流是否符合输出接口的承载电流，如果负载工作电流过大，也要加一级继电器扩展。

3）如果负载是 LED 灯，在接线时要看好正负极，否则 LED 灯不能正常工作。

4. 软件程序设计

根据前面对灯光翻转控制的时序分析，下面可以使用两个加计数器完成灯的翻转控制：一个计数器 C1 计数 1 次，完成亮的控制；另一个计数器 C2 计数 2 次完成灭及复位两个计数器循环控制，并且两个计数器复位信号需要一个辅助继电器%M10.0。

灯光翻转控制变量表如图 3-4 所示。

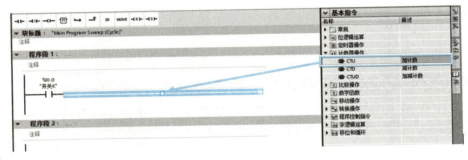

		名称	数据类型	地址	保持	可从...	从 H...	在 H...	注释
1		开关K	Bool	%I0.0		✓	✓	✓	
2		灯HL	Bool	%Q0.0		✓	✓	✓	
3		复位辅助	Bool	%M10.0		✓	✓	✓	
4		<添加>				✓	✓	✓	

图 3-4　灯光翻转控制变量表

（1）灯控制

1）先放置开关%I0.0 作为计数器 C1 的 CU 信号，在"基本指令"任务卡中，展开"计数器操作"文件夹，然后将加计数器 CTU 拖放到程序段运行开关%I0.0 后，如图 3-5 所示。

图 3-5　CTU 加入程序段

2）将 CTU 指令拖放到程序段后，将自动创建一个用于存储计数器数据的单个背景数据块，如图 3-6 所示。名称修改为 C1，默认为自动编号后系统自动分配寄存器，单击"确定"按钮创建 DB。

3）创建计数为开关 K 闭合一次的计数器。双击预设次数 PV 参数，输入常数值"1"，复位参数 R 输入"%M10.0"（复位辅助继电器）。

4）在计数器 Q 位插入一个线圈%Q0.0（用于控制灯），灯控制参考程序如图 3-7 所示。

图 3-6　创建背景数据块

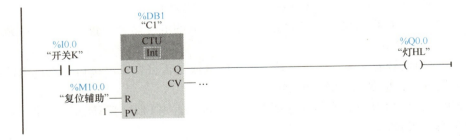

图 3-7　灯控制参考程序

（2）复位信号　在开关 K 后画向下的分支，创建计数器 C2 为开关 K 闭合两次的计数器，该计数器 Q 位连接复位辅助继电器%M10.0，%M10.0 作为两个计数器的复位信号，如图 3-8 所示。

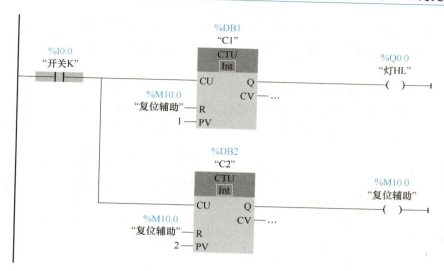

图 3-8 灯光翻转控制参考程序

5. 运行调试

下载运行程序后，当第一次闭合运行开关％I0.0时，计数器 C1 的 Q 位为 TRUE（真），灯％Q0.0 就亮。当第二次闭合开关％I0.0 时，计数器 C2 的 Q 位为 TRUE（真），％M10.0 辅助继电器为 TRUE（真），使两个计数器复位。

如果想看看开关、灯及计数器的运行状态，可以创建一个监控表，在项目树的设备中，打开监控与强制表文件夹，添加新"监控表_1"，如图 3-9 所示。

项目11 ▶ PLC_1 [CPU 1214C DC/DC/DC] ▶ 监控与强制表 ▶ 监控表_1

	i	名称	地址	显示格式	监视值	修改值	⚡
1		"开关K"	%I0.0	布尔型	FALSE		☐
2		"灯HL"	%Q0.0	布尔型	TRUE		☐
3		"C1".PV		带符号十进制	1		☐
4		"C1".CV		带符号十进制	1		☐
5		"C2".PV		带符号十进制	2		☐
6		"C2".CV		带符号十进制	1		☐
7		"复位辅助"	%M10.0	布尔型	FALSE		☐

图 3-9 添加监控表

在监控表中添加需要监控的元件，如开关％I0.0、灯％Q0.0、复位辅助％M10.0，以及计数器参数存放的数据寄存器"C1"和"C2"中的预设值 PV、计数值 CV 等参数。当控制程序运行时，只要打开监控表，就可以实时观察到控制元件的状态及数值了。

注意：不同计数器的工作过程是不一样的，对于每个器件的认知学习，都需要先掌握指令或元件的工作原理，再通过实际的应用程序进行操作运用，并且通过监控表的监控数值进一步验证器件的工作过程，以达到对指令及元件的熟练应用。

➤ 知识拓展

3.1.3 应用上升沿指令完成灯光翻转控制

PLC 控制程序不是唯一的，每个编程人员会选用不同的指令及编程方法。在这里我们提供的程序都是参考程序，对于初学 PLC 的人来说，有利于引导其逐步熟悉指令和建立编程思路，所以说编程也类似于做文章一样。下面以灯光翻转控制为例，选用上升沿指令来完成动作控制。

由前面的动作分析时序图可以看出，灯的亮灭变化与开关闭合瞬间，也就是开关的上升沿有关。每检测到开关的一个上升沿时，就判断灯的状态：如果灯是熄灭的，开关上升沿来临时，灯就点亮；如果灯是亮的，开关上升沿来临时，灯就熄灭，控制程序变量表如图 3-10 所示。

		名称	数据类型	地址	保持	可从 H...	从 H...	在 H...
1		开关K	Bool	%I0.0	☐	☑	☑	☑
2		灯HL	Bool	%Q0.0	☐	☑	☑	☑
3		起动辅助	Bool	%M10.0	☐	☑	☑	☑
4		停止辅助	Bool	%M10.1	☐	☑	☑	☑
5		开关上升沿	Bool	%M10.2	☐	☑	☑	☑
6		<添加>			☐	☑	☑	☑

图 3-10　控制程序变量表

控制变量除了输入信号开关 K 和输出信号灯 HL 外，还有用于存放开关上升沿、起动、停止的辅助继电器。

1. 灯的控制条件程序

灯的起动（即点亮）条件是：开关 K 上升沿和灯的原状态为熄灭时，发出起动信号 M10.0。

灯的停止（即熄灭）条件是：开关 K 上升沿和灯的原状态为点亮时，发出停止信号 M10.1。

参考控制程序如图 3-11 所示。

```
        %I0.0           %Q0.0                                    %M10.0
       "开关K"          "灯HL"                                  "起动辅助"
        ─┤P├──┬────────┤/├─────────────────────────────────────( )─
        %M20.0│
       "Tag_1"│         %Q0.0                                    %M10.1
              │        "灯HL"                                   "停止辅助"
              └────────┤ ├─────────────────────────────────────( )─
```

图 3-11　灯起动停止信号参考程序

2. 输出灯的程序

灯的起动和停止条件都完成了，起动条件 M10.0 发出后灯 HL 常亮，停止条件 M10.1 发出后灯熄灭。在这里使用置复位指令来完成控制，如图 3-12 所示。

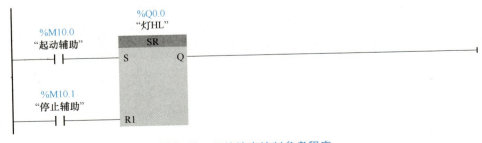

图 3-12　灯的输出控制参考程序

3. 运行调试

将编辑完的程序编译下载后，按照灯光翻转控制的要求反复调试，监控各信号的变化是否正确。

> ### 思考与练习

1. S7-1200 PLC 的计数器有哪几种？
2. 计数器的 CU、PV、CV、R、Q 分别是什么参数？
3. 加减计数器是如何工作的？
4. 设计由一个开关控制三盏灯的程序并调试。具体要求是：开关 K 闭合时，灯 HL1 亮；开关 K 再次闭合时，灯 HL1 和 HL2 都亮；K 第 3 次闭合时，灯 HL1、HL2 和 HL3 都亮；开关 K 第 4 次闭合时，灯全灭。

3.2　8 灯交替闪烁控制

> ### 学习要点

知识点：
⊙ 掌握 8 灯交替闪烁控制原理。
⊙ 掌握移动指令的使用方法。
⊙ 掌握梯形图程序设计方法。

技能点：
⊙ 会用 S7-1200 PLC 进行 8 灯交替闪烁控制硬件的接线。
⊙ 会用 S7-1200 PLC 进行 8 灯交替闪烁控制梯形图程序的编制。
⊙ 会进行 8 灯交替闪烁控制运行调试。

> ### 任务介绍

3.2.1　8 灯交替闪烁控制原理

在灯光控制中，最常见的就是一长串灯光交替闪亮，一般有间隔 1 盏灯的、间隔 2 盏灯的、间隔 3 盏灯的等情形。它们装饰在建筑物或广告牌周边，在夜间会展现出很好的效果，如图 3-13 所示。

现在以一排 8 盏灯交替闪烁效果控制为例，这 8 盏灯工作时，间隔 1 盏灯点亮（HL1、HL3、HL5、HL7 点亮），经过一定时间如 1s、2s 或 5s 延时后，这 4 盏灯熄灭，点亮另外 4 盏灯（HL2、HL4、HL6、HL8），经过一定时间延时后熄灭，再点亮原来的 4 盏灯，依次循环，直到用户断开控制开关。

用户可以通过控制开关控制灯的起动和停止，并能够通过控制开关对灯的闪烁时间进行设定（1s、2s 或 5s）。

图 3-13　灯光闪烁效果示意图

➢ 知识学习

3.2.2 移动指令

移动指令用于将数据元素复制到新的存储器地址，并可以从一种数据类型转换为另一种数据类型。移动过程不会更改源数据。S7-1200 PLC 的移动操作指令很多，在"指令"选项卡中，打开"基本指令"中的移动操作文件夹，如图 3-14 所示。

这里只介绍几个比较常用的指令，如 MOVE、MOVE_BLK、UMOVE_BLK 指令，见表 3-7。

1. MOVE（移动值）指令

MOVE 指令用于将单个数据元素从参数 IN 指定的源地址复制到参数 OUT 指定的目标地址。MOVE 指令的数据类型见表 3-8。

MOVE 指令：要在 LAD 或 FBD 中添加其他输出时，可单击输出参数旁的"创建"（Create）图标。对于 SCL，可使用多个赋值语句，还可以使用任一循环结构。

图 3-14　移动操作

表 3-7　移动指令

LAD/FBD	SCL	说　明
MOVE EN　　ENO IN　÷OUT1	out1: = in;	将存储在指定地址的数据元素复制到新地址或多个地址。要在 LAD 或 FBD 中添加其他输出，单击输出参数旁的图标。对于 SCL，请使用多个赋值语句。还可以使用任一循环结构
MOVE_BLK EN　　ENO IN　　OUT COUNT	MOVE_BLK(in: = _variant_in, 　　count: = _uint_in, 　　out = > _variant_out);	将数据元素块复制到新地址的可中断移动
UMOVE_BLK EN　　ENO IN　　OUT COUNT	UMOVE_BLK(in: = _variant_in, 　　count: = _uint_in 　　out = > _variant_out);	将数据元素块复制到新地址的不可中断移动

表 3-8　MOVE 指令的数据类型

参　　数	数 据 类 型	说　明
IN	SInt、Int、DInt、USInt、UInt、UDInt、Real、LReal、Byte、Word、DWord、Char、WChar、Array、Struct、DTL、Time、Date、TOD、IEC 数据类型、PLC 数据类型	源地址
OUT	SInt、Int、DInt、USInt、UInt、UDInt、Real、LReal、Byte、Word、DWord、Char、WChar、Array、Struct、DTL、Time、Date、TOD、IEC 数据类型、PLC 数据类型	目标地址

打开"基本指令"选项，可以在移动操作中找到 MOVE 指令，该指令在程序应用中很常见，可以将 MOVE 指令添加为编辑区快捷图标，选中 MOVE 指令后按下鼠标左键将其拖动至所要放置的位置，如图 3-15 所示。

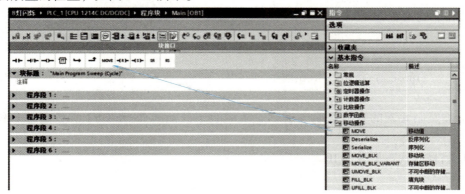

图 3-15　添加 MOVE 指令为快捷图标

MOVE 指令举例如图 3-16 所示。在程序中添加 EN 控制条件，如图 3-16 中的开关 K1，当 K1 闭合使能满足条件时，执行该 MOVE 指令，将输入端 IN 的数据"T#5S"传送给目标数据端 OUT1 的"数据块_1. T1. PT"存储器中。

```
        %I0.0
       "开关K1"          MOVE
       ──┤├──        ┌──────────┐
                     │ EN   ENO │──
              T#5S ──│ IN       │    %DB1.DBD4
                     │     OUT1 │──"数据块_1.T1.PT"
                     └──────────┘
```

图 3-16　MOVE 指令举例

如果需要增加其他输出存储区，用鼠标单击 OUT1 前面的星花图标，就可以在 OUT2 后添加寄存器了，如图 3-17 所示。

```
        %I0.0
       "开关K1"          MOVE
       ──┤├──        ┌──────────┐
                     │ EN   ENO │──
              T#5S ──│ IN       │    %DB1.DBD4
                     │     OUT1 │──"数据块_1.T1.PT"
                     │   * OUT2 │─<???>
                     └──────────┘
                     ┌──────────┐
                     │  插入输出 │
                     └──────────┘
```

图 3-17　添加其他输出存储区

要删除输出，应在其中一个现有 OUT 参数（多于两个原始输出时）的输出短线处单击右键，并选择"删除"（Delete）命令。

2. MOVE_BLK（可中断移动）**和 UMOVE_BLK**（不可中断移动）

MOVE_BLK 和 UMOVE_BLK 可将数据元素块复制到新地址。MOVE_BLK 和 UMOVE_BLK 指令具有附加的 COUNT 参数。COUNT 参数用于指定要复制的数据元素个数，相关参数的数据类型见表 3-9。

表 3-9　MOVE_BLK 和 UMOVE_BLK 指令的数据类型

参　　数	数据类型	说　　明
IN	SInt，Int，DInt，USInt，UInt，UDInt，Real，LReal，Byte，Word，DWord，Time，Date，TOD，WChar	源起始地址
COUNT	UInt	要复制的数据元素数
OUT	SInt，Int，DInt，USInt，UInt，UDInt，Real，LReal，Byte，Word，DWord，Time，Date，TOD，WChar	目标起始地址

每个被复制元素的字节数取决于 PLC 变量表中分配给 IN 和 OUT 参数变量名称的数据类型。

ENO 信号的状态见表 3-10。

表 3-10　ENO 信号的状态

ENO	条　　件	结　　果
1	无错误	成功复制了全部的 COUNT 个元素
0	源（IN）范围或目标（OUT）范围超出可用存储区	复制适当的元素，不复制部分元素

3. 数据复制操作规则

用户在不同移动需求下应当选择不同的指令：

1）要复制 Bool 数据类型，应使用 SET_BF、RESET_BF、R、S 或输出线圈（LAD）。

2）要复制单个基本数据类型，应使用 MOVE 指令。

3）要复制结构，应使用 MOVE 指令。

4）要复制字符串中的单个字符，应使用 MOVE 指令。

5）要复制基本数据类型数组，应使用 MOVE_BLK 或 UMOVE_BLK 指令。

6）MOVE_BLK 和 UMOVE_BLK 指令不能用于将数组或结构复制到 I、Q 或 M 存储区。

7）要复制字符串，应使用 S_MOVE 指令。

➤ **任务实施**

3.2.3　应用 PLC 实现 8 灯交替闪烁控制

1. 8 灯交替闪烁控制分析

8 灯交替闪烁控制受控制开关 K1 控制起停。开关 K2 和 K3 可以改变闪烁时间。

当 K1 闭合后，8 盏灯以定时器 T1 和 T2 设定的时间交替闪烁，8 盏灯按照输出接口的顺序安装，HL1～HL8 工作时的状态见表 3-11，其中数值 0 表示灯灭，数值 1 表示灯亮。

表 3-11　HL1～HL8 工作时的状态

定时器延时	灯的状态							
	HL8	HL7	HL6	HL5	HL4	HL3	HL2	HL1
T1	0	1	0	1	0	1	0	1
T2	1	0	1	0	1	0	1	0

按照8盏灯的动作状态，可以使用MOVE指令对QB0进行赋值，并可以对定时器T1和T2的PT值进行赋值，通过改变定时值使闪烁时间发生改变。

2. I/O 地址分配

根据8盏灯交替闪烁控制的分析可知，为了实现控制动作，PLC需要3个输入信号触点和8个输出信号触点，I/O地址分配见表3-12。

表3-12 I/O地址分配

输 入			输 出		
输入元件	输入接口	功 能	输出元件	输出接口	功 能
K1	%I0.0	起动开关	HL1	%Q0.0	灯
K2	%I0.1	2s闪烁控制	HL2	%Q0.1	灯
K3	%I0.2	5s闪烁控制	HL3	%Q0.2	灯
			HL4	%Q0.3	灯
			HL5	%Q0.4	灯
			HL6	%Q0.5	灯
			HL7	%Q0.6	灯
			HL8	%Q0.7	灯

3. 硬件接线

根据PLC的I/O地址分配，可以画出PLC实现8盏灯交替闪烁控制的I/O接线情况，如图3-18所示。

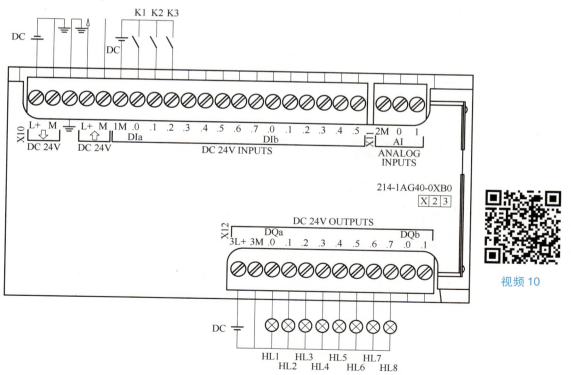

图3-18 8盏灯交替闪烁控制的I/O接线情况

视频10

按照 8 盏灯交替闪烁控制 I/O 接线图进行硬件接线，并检查控制电路。

4. 软件程序设计

根据前面对 8 盏灯交替闪烁控制的分析得出，需要两个定时器 T1 和 T2 分别进行两组灯亮的时间控制，并且需要对定时器的预设值进行赋值，所以对定时器的控制设置为全局数据块。

（1）全局数据块及 PLC 变量表　全局数据块的设置：双击项目树中的"设备"→"程序块"→"添加新块"，如图 3-19 所示。

在弹出的"添加新块"对话框中设置块参数，选中数据块 DB，类型为"全局 DB"，默认为自动编号，单击"确定"按钮，如图 3-20 所示。

图 3-19　添加新块

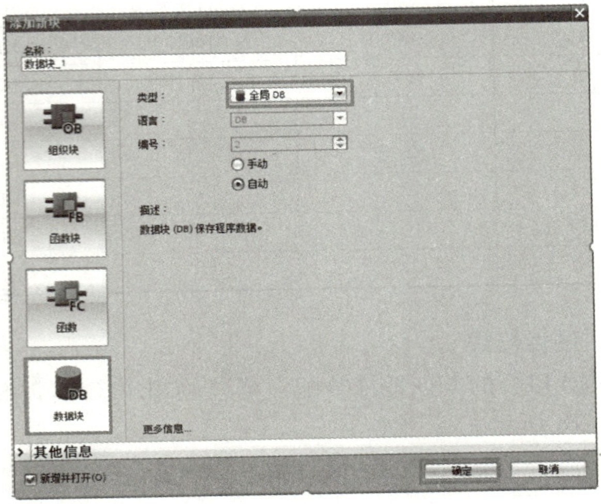

图 3-20　设置块参数

新生成的数据块默认为块访问优化，如果想对数据块中的参数进行完全寻址，就需要将块优化更改去掉。在生成的"数据块_1"上单击鼠标右键，移动到属性后单击鼠标左键，如图 3-21 所示。

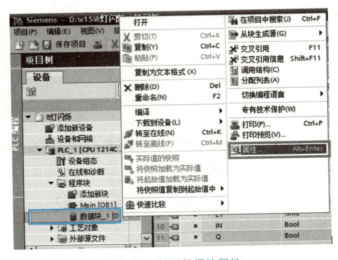

图 3-21　打开数据块属性

在弹出的"数据块_1［DB1］"对话框中，取消数据块属性的"优化的块访问"，单击"确定"按钮，如图3-22和图3-23所示。

图3-22　取消优化的块访问

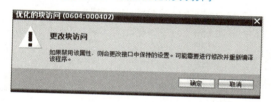

图3-23　更改块访问

双击打开生成的"数据块_1"，添加数据类型为 IEC_TIMER 的数据块 T1 和 T2，作为定时器参数，如图3-24所示。

图3-24　添加定时器数据块

数据块添加完成后，需要对数据块进行编译，单击"编译"按钮后，会弹出编译显示框，等待编译完成，如图3-25所示。

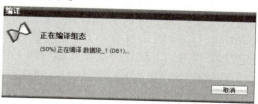

图3-25　编译数据块

编译完成后，在巡视窗口会显示编译完成情况，如图 3-26 所示。若显示无错误，则数据块设置完成。

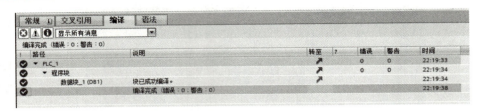

图 3-26　编译完成情况

根据 8 盏灯交替闪烁的 I/O 分配表创建变量表，如图 3-27 所示。变量表中，每盏灯的控制变量可以都列出来，也可以只列出 %QB0 一个字节。对于定时器循环还需要一个循环辅助信号 %M3.0。

图 3-27　PLC 变量表

（2）8 盏灯交替闪烁的定时器程序　开关 K1 闭合后，8 盏灯分为两组，每组亮 1s 后灭，需要两个定时器分别控制两组灯的工作时间，并循环工作，控制参考程序如图 3-28 所示。定时器 T1、T2 的预设值 PT 均为 "T#1S"。

图 3-28　定时器控制参考程序

参考程序中，两个定时器 T1、T2 串联在一起，T1 延时时间到后 T1 的 Q 端信号输出，T2 延时开始，T2 延时时间到时，T2 的 Q 信号输出使 %M3.0 得电，所以复位信号循环辅助 %M3.0 动断触点断开使定时器 T1 和 T2 都复位重新开始延时工作。

（3）8 盏灯交替闪烁输出控制程序　开关 K1 闭合后，QB0 应赋值为 2#01010101（用二进制表示更加直观），T1 延时时间到后 QB0 应赋值为 2#10101010，参考程序如图 3-29 所示。

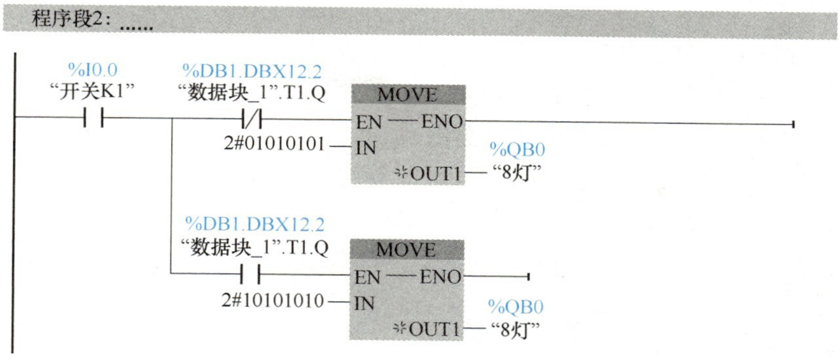

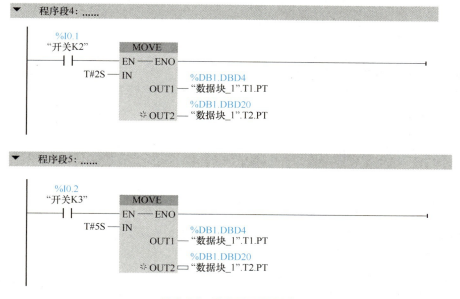

程序段2:......

图 3-29 灯的输出赋值程序

当开关 K1 断开后，8 盏灯都熄灭，%QB0 赋值为 0，如图 3-30 所示。

图 3-30 停止赋值程序

（4）闪烁时间改变程序 当开关 K2 闭合后，将"T#2S"的值赋给定时器 T1 和 T2 的预设值 PT 参数中，从而改变灯光闪烁的时间；当开关 K3 闭合后，将"T#5S"的值赋给定时器 T1 和 T2 的预设值 PT 参数中，参考程序如图 3-31 所示。

图 3-31 改变定时值程序

编译保存程序，整体检查后下载程序。

5. 运行调试

下载运行程序后，进行 8 盏灯交替闪烁控制调试，并记录结果。

当闭合运行开关 K1%I0.0 时，8 盏灯按 1s 时间闪烁。

当闭合开关 K2%I0.1 时，观察闪烁时间是否变化为 2s。

如果想看看开关、灯及定时器的 PT 运行状态，可以创建一个监控表，在项目树的设备中，打开监控与强制表文件夹，添加新“监控表_1”，如图 3-32 所示。

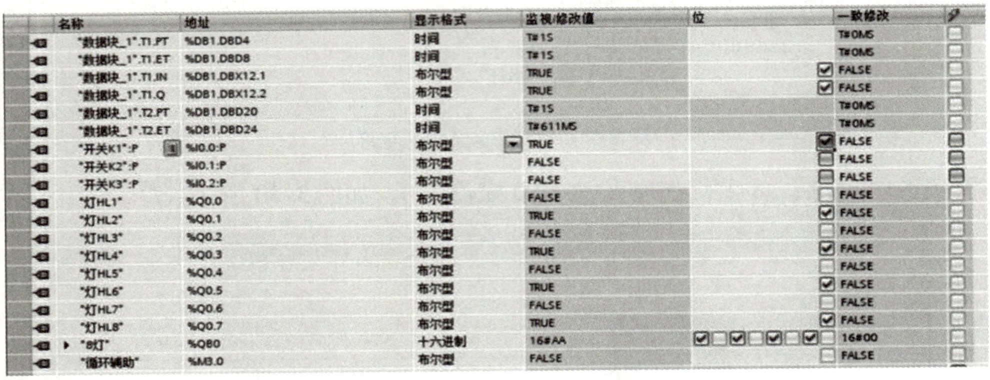

名称	地址	显示格式	监视/修改值	位	一致修改
"数据块_1".T1.PT	%DB1.DBD4	时间	T#1S		T#0MS
"数据块_1".T1.ET	%DB1.DBD8	时间	T#1S		T#0MS
"数据块_1".T1.IN	%DB1.DBX12.1	布尔型	TRUE		FALSE
"数据块_1".T1.Q	%DB1.DBX12.2	布尔型	TRUE		FALSE
"数据块_1".T2.PT	%DB1.DBD20	时间	T#1S		T#0MS
"数据块_1".T2.ET	%DB1.DBD24	时间	T#611MS		T#0MS
"开关K1":P	%I0.0:P	布尔型	TRUE		FALSE
"开关K2":P	%I0.1:P	布尔型	FALSE		FALSE
"开关K3":P	%I0.2:P	布尔型	FALSE		FALSE
"灯HL1"	%Q0.0	布尔型	FALSE		FALSE
"灯HL2"	%Q0.1	布尔型	TRUE		FALSE
"灯HL3"	%Q0.2	布尔型	FALSE		FALSE
"灯HL4"	%Q0.3	布尔型	TRUE		FALSE
"灯HL5"	%Q0.4	布尔型	FALSE		FALSE
"灯HL6"	%Q0.5	布尔型	TRUE		FALSE
"灯HL7"	%Q0.6	布尔型	FALSE		FALSE
"灯HL8"	%Q0.7	布尔型	TRUE		FALSE
"8灯"	%QB0	十六进制	16#AA		16#00
"循环辅助"	%M3.0	布尔型	FALSE		FALSE

图 3-32　8 灯交替闪烁监控表

6. 实验实训报告要求

1）按所选择的实训方案写出控制要求。

2）画出 PLC 的 I/O 端口和电源接线图。

3）列出调试好的实训梯形图程序和注释说明。

4）整理出运行和监视程序时出现的现象。

5）写出实训中存在的问题及分析结论。

➢ 思考与练习

1. 移动指令所移动的原参数会被修改吗？

2. 设计隔两灯闪烁控制：HL1、HL2、HL5、HL6 亮 1s 后灭，接着 HL3、HL4、HL7、HL8 亮，1s 后灭，如此循环。

3.3　交通信号灯控制

➢ 学习要点

知识点：

⊙ 掌握交通信号灯控制原理。

⊙ 掌握比较指令的使用方法。

⊙ 掌握梯形图程序设计方法。

技能点：

⊙ 会用 S7-1200 PLC 进行交通信号灯控制硬件的接线。

⊙ 会用 S7-1200 PLC 进行交通信号灯控制梯形图程序的编制。

⊙ 会进行交通信号灯控制运行调试。

> **任务介绍**

3.3.1　交通信号灯控制原理

随着社会经济的快速发展，城市交通问题越来越多地引起人们的关注。人、车、路三者关系的协调，已成为交通管理部门需要解决的重要问题之一。交通控制系统是用于城市交通数据监测、交通信号灯控制与交通疏导的计算机综合管理系统，它是现代城市交通监控指挥系统中最重要的组成部分。十字路口的交通信号灯控制是保证交通安全和道路畅通的关键。

交通信号灯中红、绿、黄三种颜色的光波长较长，不易发生色散，传播距离较远，而其他颜色的光波长较短，容易发生色散，穿透能力弱，所以不用其他色光。一般的交通信号灯，上面是红灯，中间是黄灯，最下面是绿灯。交通信号灯位置示意图如图 3-33 所示。

某交通路口红、黄、绿灯基本控制要求如下：

（1）夜间模式　由于夜间车辆较少，为了提高通行时间，在夜间模式时，十字路口各个方向的交通信号灯只黄灯以 1Hz 的频率闪烁，以提醒过往车辆在路口减速慢行。

图 3-33　交通信号灯位置示意图

（2）正常模式　在白天交通信号灯以正常模式工作，路口的东西方向亮红灯，同时南北方向绿灯亮 20s 后，南北方向的黄灯以 1Hz 的周期闪烁 5s（东西方向依然亮红灯），然后南北方向变为红灯，同时东西方向绿灯亮 20s 后，东西方向的黄灯以 1Hz 的周期闪烁 5s，如此循环工作。

> **知识学习**

3.3.2　比较指令

1. 比较指令

比较指令用于两个相同数据类型的有符号数或无符号数 IN1 和 IN2 的比较判断操作，比较运算符有 6 种：等于（=）、大于或等于（≥）、小于或等于（≤）、大于（>）、小于（<）、不等于（<>），见表 3-13。

表 3-13　比较指令类型

关系类型	满足以下条件时比较结果为真	关系类型	满足以下条件时比较结果为真
=	IN1 等于 IN2	< =	IN1 小于或等于 IN2
< >	IN1 不等于 IN2	>	IN1 大于 IN2
> =	IN1 大于或等于 IN2	<	IN1 小于 IN2

比较指令说明见表 3-14。

表 3-14　比较指令说明

LAD	FBD	SCL	说　明
"IN1" == Byte "IN2"	== Byte "IN1" — IN1 "IN2" — IN2	out: = in1 = in2; or IF in1 = in2 　THEN out: = 1; 　ELSE out: = 0; END_IF;	比较数据类型相同的两个值。该 LAD 触点比较结果为 TRUE 时，则该触点会被激活。如果该 FBD 功能框比较结果为 TRUE，则功能框输出为 TRUE

① 在梯形图（LAD）中，比较指令是以动合触点的形式编程的，在动合触点的中间注明比较参数和比较运算符。当比较的结果为真时，该动合触点闭合。

② 在功能块图（FBD）中，比较指令以功能框的形式编程；当比较结果为真时，输出接通。

比较指令参数的数据类型见表 3-15。

表 3-15　比较指令参数的数据类型

参　　数	数 据 类 型	说　　明
IN1，IN2	Byte，Word，DWord，SInt，Int，DInt，USInt，UInt，UDInt，Real，LReal，String，WString，Char，Time，Date，TOD，DTL，常数	要比较的值

2. 比较范围指令

比较范围指令有 IN_RANGE（范围内值）和 OUT_RANGE（范围外值）指令，说明见表 3-16。

表 3-16　IN_RANGE 和 OUT_RANGE 指令

LAD/FBD	SCL	说　明
IN_RANGE ??? — MIN — VAL — MAX	out: = IN_RANGE（min，val，max）;	测试输入值是在指定的值范围之内还是之外。如果比较结果为 TRUE，则功能框输出为 TRUE
OUT_RANGE ??? — MIN — VAL — MAX	out: = OUT_RANGE（min，val，max）;	

对于 LAD 和 FBD：单击 "???" 并从下拉列表中选择数据类型，其参数的数据类型见表 3-17。

表 3-17 范围比较指令参数的数据类型

参　数	数据类型	说　明
MIN，VAL，MAX	SInt，Int，DInt，USInt，UInt，UDInt，Real，LReal，常数	比较器输入参数 MIN、VAL 和 MAX 的数据类型必须相同

① IN_RANGE 比较结果为真的条件：MIN <＝VAL <＝MAX。

② OUT_RANGE 比较结果为真的条件：VAL < MIN 或 VAL > MAX。

S7-1200 PLC 中还包括检查有效性 OK 指令、检查无效性 NOT_OK 指令、变形和数组比较指令等比较指令，在这里就不做介绍了，需要使用时可参考 S7-1200 系统手册。

➤ **任务实施**

3.3.3 应用 PLC 实现交通信号灯控制

1. 交通信号灯控制分析

根据交通信号灯的控制动作要求，可以画出动作流程，如图 3-34 所示。

从交通信号灯动作流程可以看出，信号灯动作过程中夜间模式只有一个黄灯闪烁动作，正常工作时有 4 个时间控制的变化状态，南北绿灯亮 20s，南北黄灯闪 5s，东西绿灯亮 20s，东西黄灯闪 5s，都是由时间控制的，时序变化图如图 3-35 所示。

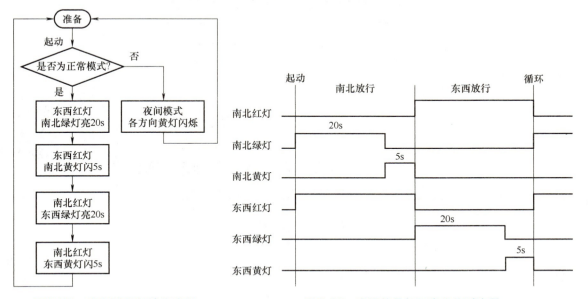

图 3-34 交通信号灯动作流程　　　　图 3-35 交通信号灯正常工作时序图

2. I/O 地址分配

根据交通信号灯控制的分析可知，为了实现控制动作，PLC 需要 2 个输入信号触点和 6 个输出信号触点，I/O 地址分配见表 3-18。

表 3-18　I/O 地址分配

输　入			输　出		
输入元件	输入接口	功　能	输出元件	输出接口	功　能
K1	%I0.0	起动开关	HL1	%Q0.0	南北红灯
K2	%I0.1	正常/夜间模式选择开关	HL2	%Q0.1	南北绿灯
			HL3	%Q0.2	南北黄灯
			HL4	%Q0.3	东西红灯
			HL5	%Q0.4	东西绿灯
			HL6	%Q0.5	东西黄灯

3. 硬件接线

根据 PLC 的 I/O 分配表，可以画出 PLC 实现交通信号灯控制的 I/O 接线情况，如图 3-36 所示。

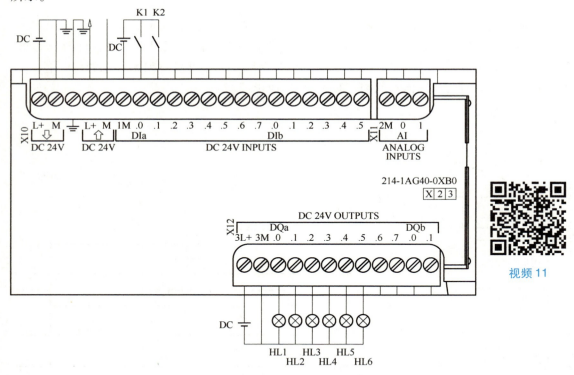

图 3-36　交通信号灯控制的 I/O 接线情况

按照交通信号灯控制 I/O 接线图进行硬件接线时，由于输出信号较多，要仔细检查输出接口对应于控制方向及灯的颜色。

4. 软件程序设计

由前面对交通信号灯控制的分析得出，信号灯有两种模式：正常模式和夜间模式。两种控制模式仅涉及黄灯控制有两种动作，在此使用%M3.0 和%M3.1 作为正常黄灯辅助控制，使用 M3.2 作为夜间黄灯辅助控制，其他颜色的灯只在正常模式下工作，直接输出就可以了。

交通信号灯控制的变量表如图 3-37 所示。

		名称	数据类型	地址	保持	可从…	从 H…	在 H…
1		起动开关	Bool	%I0.0		☑	☑	☑
2		正常/夜间模式	Bool	%I0.1		☑	☑	☑
3		南北红灯	Bool	%Q0.0		☑	☑	☑
4		南北绿灯	Bool	%Q0.1		☑	☑	☑
5		南北黄灯	Bool	%Q0.2		☑	☑	☑
6		东西红灯	Bool	%Q0.3		☑	☑	☑
7		东西绿灯	Bool	%Q0.4		☑	☑	☑
8		东西黄灯	Bool	%Q0.5		☑	☑	☑
9		正常南北黄灯辅助	Bool	%M3.0		☑	☑	☑
10		正常东西黄灯辅助	Bool	%M3.1		☑	☑	☑
11		夜间黄灯辅助	Bool	%M3.2		☑	☑	☑
12		T1复位辅助	Bool	%M3.3		☑	☑	☑
13		<添加>				☑	☑	☑

交通信号灯控制

图 3-37　交通信号灯控制变量表

（1）夜间模式控制程序　夜间模式只有黄灯闪烁，闪烁频率是 1Hz。在学习辅助继电器 M 时，时钟存储器位中 1Hz 频率时钟是 %M0.5，闪烁控制可以使用该时钟。启用该时钟时，需在设备视图中双击 PLC 图标，在巡视窗口的属性标签中，选择"常规"中的"系统和时钟存储器"选项，找到时钟存储器位，选中"启用时钟存储器字节"，如图 3-38 所示。

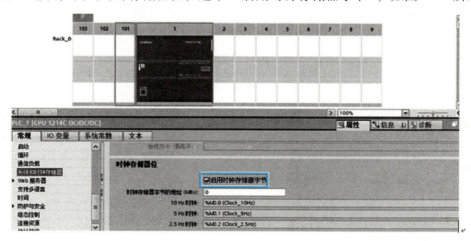

图 3-38　启用时钟存储器字节

当控制起动开关 %I0.0 闭合后，正常/夜间模式开关 %I0.1 在夜间模式时，黄灯夜间辅助继电器 %M3.2 每秒闪烁，控制参考程序如图 3-39 所示。

```
  %I0.0        %I0.1        %M0.5                              %M3.2
"起动开关"   "正常/      "Clock_1Hz"                      "夜间黄灯辅助"
             夜间模式"
  ──┤├──────────┤├──────────┤├──────────────────────────────( )──
```

图 3-39　夜间模式控制参考程序

（2）正常模式控制程序 正常工作模式是时间控制的流程，在时序图中可以看出，有4个时间信号，即南北绿灯 20s、南北黄灯闪 5s、东西绿灯 20s、东西黄灯闪 5s，依次循环动作。

1）定时器时间控制程序编程：可以使用 4 个定时器串联实现，如图 3-40 所示。

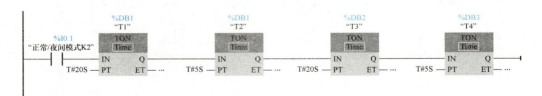

图 3-40 定时器串联梯形图程序

这样设计使程序很长，使用较多的定时器，不利于程序读写和分析，在学习了比较指令之后，可以只使用一个定时器且设置总时长为 50s，用比较定时器经过值 ET 判断应该进行哪种动作，参考程序如图 3-41 所示。这里还需要一个定时器复位辅助 %M3.3，使定时器能够循环工作。

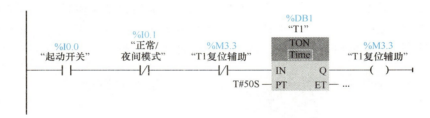

图 3-41 定时器控制参考程序

2）南北、东西信号灯控制程序编程：

① 南北通行：

南北绿灯亮 20s，在定时器开始延时时（ET > 0s），到延时时间是 20s（ET < = 20s）期间。

南北黄灯闪 5s，在定时器经过值（ET > 20s），到经过值（ET < = 25s）期间。

东西红灯亮 25s，在定时器经过值（ET > 0s），到经过值（ET < = 25s）期间。

② 东西通行：

东西绿灯亮 20s，在定时器经过值（ET > 25s），到经过值（ET < = 45s）期间。

东西黄灯闪 5s，在定时器经过值（ET > 45s），到经过值（ET < = 50s）期间。

南北红灯亮 25s，在定时器经过值（ET > 25s），到经过值（ET < = 50s）期间。

东西、南北信号灯控制参考程序如图 3-42 所示。

3）东西、南北黄灯控制编程：东西、南北黄灯有两个控制状态夜间和正常，在这两个状态工作时，都是 1Hz 闪烁 %M0.5，在每个状态中使用辅助继电器来输出控制，最后控制黄灯输出信号，参考程序如图 3-43 所示。

编译保存程序，整体检查后下载程序。

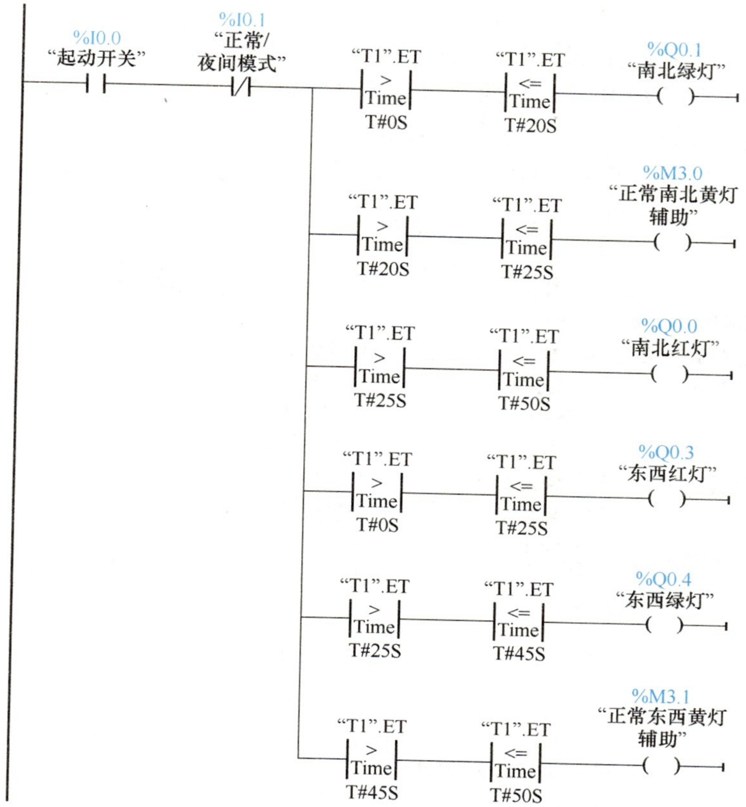

%I0.0
"起动开关"

%I0.1
"正常/
夜间模式"

"T1".ET
>
Time
T#0S

"T1".ET
<=
Time
T#20S

%Q0.1
"南北绿灯"
( )

"T1".ET
>
Time
T#20S

"T1".ET
<=
Time
T#25S

%M3.0
"正常南北黄灯
辅助"
( )

"T1".ET
>
Time
T#25S

"T1".ET
<=
Time
T#50S

%Q0.0
"南北红灯"
( )

"T1".ET
>
Time
T#0S

"T1".ET
<=
Time
T#25S

%Q0.3
"东西红灯"
( )

"T1".ET
>
Time
T#25S

"T1".ET
<=
Time
T#45S

%Q0.4
"东西绿灯"
( )

"T1".ET
>
Time
T#45S

"T1".ET
<=
Time
T#50S

%M3.1
"正常东西黄灯
辅助"
( )

图3-42　东西、南北信号灯控制参考程序

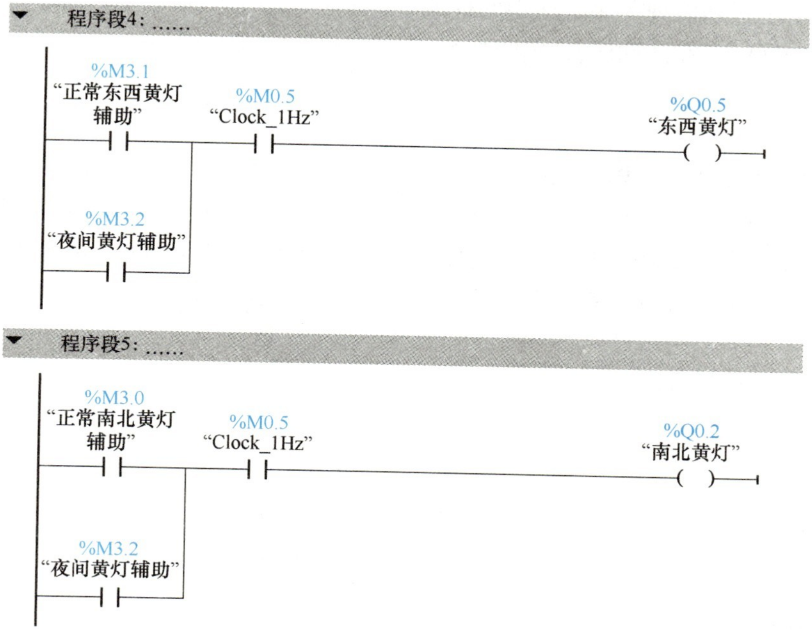

程序段4:……

%M3.1
"正常东西黄灯
辅助"

%M0.5
"Clock_1Hz"

%Q0.5
"东西黄灯"
( )

%M3.2
"夜间黄灯辅助"

程序段5:……

%M3.0
"正常南北黄灯
辅助"

%M0.5
"Clock_1Hz"

%Q0.2
"南北黄灯"
( )

%M3.2
"夜间黄灯辅助"

图3-43　黄灯控制参考程序

5. 运行调试

下载运行程序后，进行交通信号灯控制调试，并记录结果。

当闭合起动开关%I0.0时，东西、南北黄灯闪烁；当闭合正常/夜间模式开关%I0.1时，正常控制模式开始工作，观察是否按照动作流程变化。

如果想看看开关、灯及定时器的ET运行状态，可以创建一个监控表，在项目树的设备中，打开监控与强制表文件夹，添加新"监控表_1"，如图3-44所示。

	i	名称	地址	显示格式	监视值	修改值
1		"起动开关K1"	%I0.0	布尔型		
2		"正常/夜间模式…	%I0.1	布尔型		
3		"南北红灯"	%Q0.0	布尔型		
4		"南北绿灯"	%Q0.1	布尔型		
5		"南北黄灯"	%Q0.2	布尔型		
6		"东西红灯"	%Q0.3	布尔型		
7		"东西绿灯"	%Q0.4	布尔型		
8		"东西黄灯"	%Q0.5	布尔型		
9		"T1".ET		时间		

图 3-44　交通信号灯监控表

6. 实验实训报告要求

1）按所选择的实训方案写出控制要求。

2）画出 PLC 的 I/O 端口和电源接线图。

3）列出调试好的实训梯形图程序和注释说明。

4）整理出运行和监视程序时出现的现象。

5）写出实训中存在的问题及分析结论。

> ## 思考与练习

1. 比较指令所比较的两个参数类型不一致可以进行比较吗？

2. 设计某检测信号控制。控制动作要求是：按下起动按钮 SB1 起动检测机构，检测机构开始工作，起动传送带电动机 M1 开始传输工件，每传输一个工件检测传感器 SQ 发出一个信号，检测到通过 5 个工件时，检测系统停止工作，传送带电动机 M1 停止。

3.4　天塔之光控制

> ## 学习要点

知识点：

⊙ 掌握天塔之光控制原理。

⊙ 熟练掌握移动指令的使用方法。

⊙ 掌握梯形图程序设计方法。

技能点：

⊙ 会用 S7-1200 PLC 进行天塔之光控制硬件的接线。

⊙ 会用 S7-1200 PLC 进行天塔之光控制梯形图程序的编制。

⊙ 会进行天塔之光控制运行调试。

➤ **任务介绍**

3.4.1　天塔之光控制原理

在此以天塔之光控制为例，实现多种灯光效果的控制。天塔之光控制示意图如图 3-45 所示。

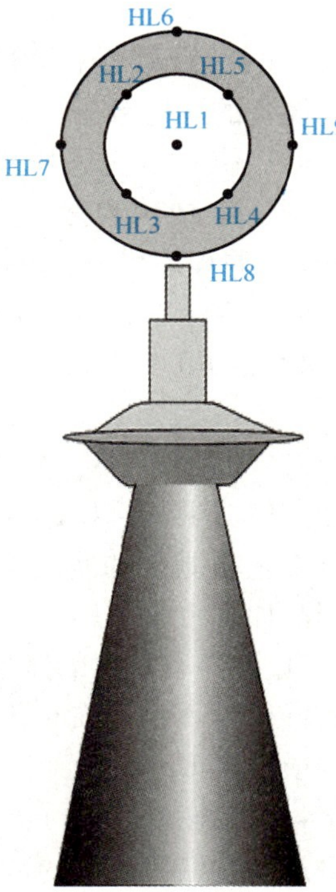

1. 发散型效果

按发散效果起动按钮 SB2 时，HL1 亮 1s 后灭，接着 HL2、HL3、HL4、HL5 亮 1s 后灭，接着 HL6、HL7、HL8、HL9 亮 1s 后灭，循环重复过程，按停止按钮 SB1 时停止。

2. 旋转型效果

按旋转效果起动按钮 SB3 时，HL1、HL2、HL7 亮 1s 后灭，接着 HL1、HL3、HL8 亮 1s 后灭，HL1、HL4、HL9 亮 1s 后灭，接着 HL1、HL5、HL6 亮 1s 后灭，循环重复过程，按停止按钮 SB1 时停止。

➤ **知识学习**

3.4.2　构建用户程序

一般简单的控制可以按照流程以线性结构编程，复杂程序就比较麻烦了。在 S7-1200 CPU 编程的过程中，推荐使用结构化编程的理念。

图 3-45　天塔之光
控制示意图

1. 使用代码块来构建程序

创建用于自动化任务的用户程序时，需要将程序的指令插入代码块中，在 S7-1200 PLC 中所使用的块有组织块（OB）、功能块（FB）、功能（FC）和数据块（DB）。

1）组织块（OB）：对应于 CPU 中的特定事件，并可中断用户程序的执行，用于循环执行用户程序的默认组织块（OB1）为用户程序提供基本结构。

如果程序中包括其他 OB，这些 OB 会中断 OB1 的执行。其他 OB 可执行特定功能，如用于起动任务、用于处理中断和错误或者用于按特定的时间间隔执行特定的程序代码。

2）功能块（FB）：是从另一个代码块（OB、FB 或 FC）进行调用时执行的子例程。FB 是使用背景数据块保存其参数和静态数据的代码块。FB 具有位于数据块（DB）或"背景" DB 中的变量存储器。背景 DB 提供与 FB 的实例（或调用）关联的一块存储区并在 FB 完成后存储数据。可将不同的背景 DB 与 FB 的不同调用进行关联。通过背景 DB 可使用一个通用 FB 控制多个设备。

调用块将参数传递到 FB，并标识可存储特定调用数据或该 FB 实例的特定数据块（DB）。更改背景 DB 可使通用 FB 控制一组设备的运行。例如，借助包含每个泵或阀门的特定运行参数的不同背景数据块，一个 FB 可控制多个泵或阀，如图 3-46 所示。

在此实例中，FB22 用于控制三个独立的设备，其中 DB201 用于存储第一个设备的运行数据，DB202 用于存储第二个设备的运行数据，DB203 用于存储第三个设备的运行数据。

通过使一个代码块对 FB 和背景 DB 进行调用来构建程序；然后，CPU 执行该 FB 中的程序代码，并将块参数和静态

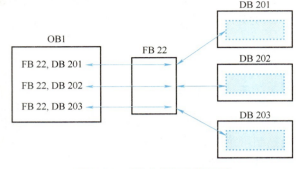

图 3-46　FB 多背景数据调用

局部数据存储在背景 DB 中。FB 执行完成后，CPU 会返回到调用该 FB 的代码块中。背景 DB 保留该 FB 实例的值，随后在同一扫描周期或其他扫描周期中调用该功能块时可使用这些值。

3）功能（FC）：是通常用于对一组输入值执行特定运算的代码块。FC 将此运算结果存储在存储器中。例如，可使用 FC 执行标准运算和可重复使用的运算（例如数学计算）或者执行工艺功能（如使用位逻辑运算执行独立的控制）。FC 也可以在程序中的不同位置多次调用。如此重复使用，简化了对经常重复发生的任务的编程。

FC 不具有相关的背景数据块（DB）。对于用于计算该运算的临时数据，FC 采用了局部数据堆栈。不保存临时数据。要长期存储数据，可将输出值赋给全局存储器位置，如 M 存储器或全局 DB。

4）数据块（DB）：为程序数据提供了便捷的存储方式。在用户程序中创建数据块（DB）以存储代码块的数据。用户程序中的所有程序块都可以访问全局 DB 中的数据，而背景 DB 仅存储特定功能块（FB）的数据。

用户程序可将数据存储在 CPU 的专用存储区中，如输入继电器（I）、输出继电器（Q）和位存储器（M）。此外，可使用数据块（DB）快速访问存储在程序本身中的数据。

当数据块关闭或相关代码块的执行结束时，DB 中存储的数据不会被删除。有两种类型的 DB：

① 全局 DB 存储程序中代码块的数据。任何 OB、FB 或 FC 都可访问全局 DB 中的数据。

② 背景 DB 存储特定 FB 的数据。背景 DB 中数据的结构反映了 FB 的参数（Input、Output 和 InOut）和静态数据。FB 的临时存储器不存储在背景 DB 中，尽管背景 DB 能够反映特定 FB 的数据，然而任何代码块都可访问背景 DB 中的数据。

2. 用户程序所选择结构类型

根据实际应用要求，可选择线性结构或模块化结构来创建用户程序。

1）线性程序按顺序逐条执行并处理自动化任务中的所有指令。通常情况下，线性程序将所有程序指令都放入一个程序循环 OB（如 OB1）中以循环执行该程序，如图 3-47 所示。

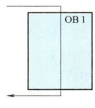

图 3-47　线性结构

2）模块化程序调用可执行特定任务的特定代码块。要创建模块化结构，需要将复杂的自动化任务划分为与过程所执行的功能任务相对应的更小的次级任务。每个代码块都为各个次级任务提供程序段，通过从另一个块中调用其中一个代码块来构建程序，如图3-48所示。

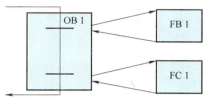

图3-48　模块化结构

通过创建可在用户程序中重复使用的通用代码块，可大大简化用户程序设计。

使用通用代码块具有以下优点：

1）可为标准任务创建能够重复使用的代码块，如用于控制泵或电动机；也可以将这些通用代码块存储在可由不同的应用或解决方案使用的库中。

2）将用户程序构建到与功能任务相关的模块化组件中，可使程序的设计更易于理解和管理。模块化组件不仅有助于标准化程序设计，也有助于使更新或修改程序代码更加快速和容易。

3）创建模块化组件可简化程序的调试。通过将整个程序构建为一组模块化程序段，可在开发每个代码块时测试其功能。

4）创建与特定工艺功能相关的模块化组件，有助于简化对已完成应用程序的调试，并减少调试过程中所用的时间。

通过设计FB和FC执行通用任务，可创建模块化代码块；然后可通过由其他代码块调用这些可重复使用的模块来构建程序。调用块将设备特定的参数传递给被调用块。当一个代码块调用另一个代码块时，CPU会执行被调用块中的程序代码。执行完被调用块后，CPU会继续执行调用块，继续执行该块调用之后的指令，如图3-49所示。

可嵌套块调用以实现更加模块化的结构，从而实现高效、简洁、易读性强的程序编程。如图3-50所示，用户将不同的程序划分为FC1、FB1、FB2等，然后在OB1中单次/多次/嵌套调用这些程序块，嵌套深度为3：程序循环OB加3层对代码块的调用。

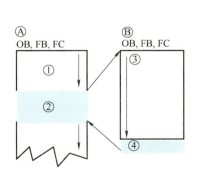

图3-49　调用块执行过程
A—调用块　B—被调用（或中断）块
①、③—程序执行　②—用于触发其他块执行的指令或事件　④—块结束（返回到调用块）

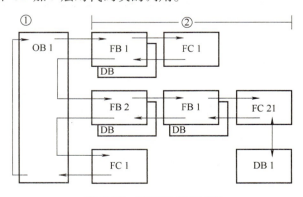

图3-50　模块化程序结构
①—循环开始　②—嵌套深度

3. 创建新代码块

要在程序中添加新的代码块，应按以下步骤操作：

1）打开"程序块"（Program blocks）文件夹。

2）双击"添加新块"（Add new block）。

3）在"添加新块"（Add new block）对话框中单击要添加的块的类型。例如，单击"功能（FC）"图标来添加 FC。

4）从下拉菜单中为代码块选择编程语言。

5）单击"确定"按钮将块添加到项目中。

选择"添加新对象并打开"（Add new and open）选项（默认），让 STEP 7 在编辑器中打开新创建的块，如图 3-51 所示。

图 3-51　添加新块

➤ **任务实施**

3.4.3　应用 PLC 实现天塔之光控制

1. 天塔之光控制分析

根据天塔之光的控制要求，这是个多效果控制，可以画出动作流程，如图 3-52 所示。

从天塔之光动作流程上可以得出，动作过程有两个模式，每个模式是单独一个循环流程，分别控制不同的灯光效果，每个效果流程都是由时间控制的，需要用不同的定时器加以控制。

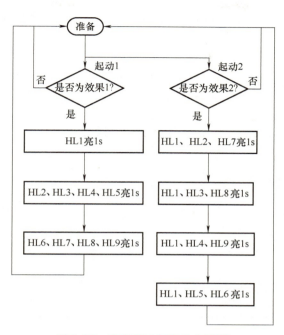

图 3-52　天塔之光控制动作流程

（1）灯闪烁效果 1（发散型）　定时器 T1 定时时间 3s，每秒一组灯亮，共 3 组灯效循环：HL1→HL2、HL3、HL4、HL5→HL6、HL7、HL8、HL9→循环。9 盏灯工作时的状态见表 3-19。

表 3-19　发散型 9 盏灯工作时的状态

定时器 T1 延时	灯 的 状 态								
	HL9	HL8	HL7	HL6	HL5	HL4	HL3	HL2	HL1
1s	0	0	0	0	0	0	0	0	1
2s	0	0	0	0	1	1	1	1	0
3s	1	1	1	1	0	0	0	0	0

从表中可以得出，HL1 ～ HL8 可以使用 QB0 进行赋值，但 HL9 需要单独处理，就需要增加辅助信号来进行控制。

（2）灯闪烁效果 2（旋转型）　定时器 T2 定时时间 4s，每秒一组灯亮，共 4 组灯效循环：HL1、HL2、HL7→HL1、HL3、HL8→HL1、HL4、HL9→HL1、HL5、HL6→循环。9 盏灯工作时的状态见表 3-20。

表 3-20　旋转型 9 盏灯工作时的状态

定时器 T2 延时	灯 的 状 态								
	HL9	HL8	HL7	HL6	HL5	HL4	HL3	HL2	HL1
1s	0	0	1	0	0	0	0	1	1
2s	0	1	0	0	0	0	1	0	1
3s	1	0	0	0	0	1	0	0	1
4s	0	0	0	1	1	0	0	0	1

从表中可以得出，HL1～HL8 可以使用 QB0 进行赋值，但 HL9 需要单独处理，就需要增加辅助信号来进行控制。

2. I/O 地址分配

根据天塔之光控制的分析可知，为了实现控制动作，对应 3 个输入信号 PLC 需要 3 个输入接口和 9 个输出信号接口，I/O 地址分配见表 3-21。

表 3-21　I/O 地址分配

输　入			输　出		
输入元件	输入接口	功　能	输出元件	输出接口	功　能
SB1	%I0.0	停止按钮	HL1	%Q0.0	灯
SB2	%I0.1	灯光效果 1	HL2	%Q0.1	灯
SB3	%I0.2	灯光效果 2	HL3	%Q0.2	灯
			HL4	%Q0.3	灯
			HL5	%Q0.4	灯
			HL6	%Q0.5	灯
			HL7	%Q0.6	灯
			HL8	%Q0.7	灯
			HL9	%Q1.0	灯

3. 硬件接线

根据 PLC 的 I/O 分配表，可以画出 PLC 实现天塔之光控制的 I/O 接线情况，如图 3-53 所示。

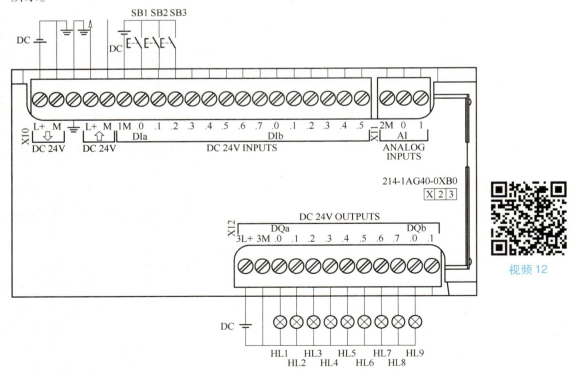

视频 12

图 3-53　天塔之光控制的 I/O 接线情况

按照天塔之光控制 I/O 接线图进行硬件接线时，由于输出信号较多，要仔细检查输出接口对应灯的位置。

4. 软件程序设计

根据前面的分析，需要两个定时器 T1 和 T2 分别进行两种灯效的时间控制，并且需要对定时器的预设值进行赋值，所以对定时器的控制设置全局数据块，如图 3-54 所示。

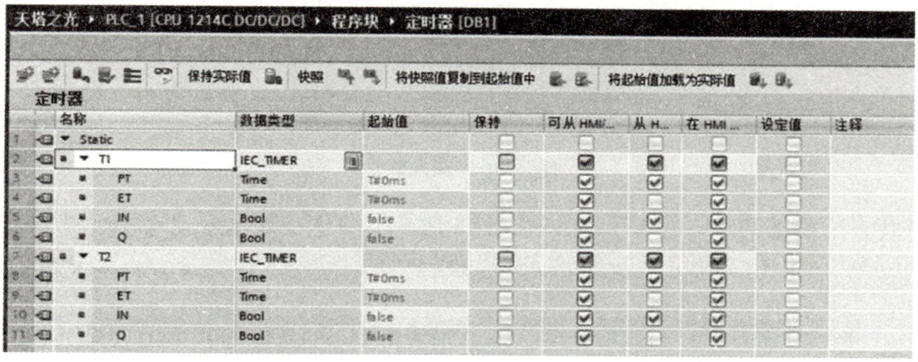

天塔之光 ▸ PLC_1 [CPU 1214C DC/DC/DC] ▸ 程序块 ▸ 定时器 [DB1]

保持实际值　快照　将快照值复制到起始值中　将起始值加载为实际值

定时器

	名称	数据类型	起始值	保持	可从 HMI/...	从 H...	在 HMI ...	设定值	注释
1	▼ Static			☐	☐	☐	☐	☐	
2	▼ T1	IEC_TIMER		☐	☑	☑	☑	☐	
3	PT	Time	T#0ms	☐	☑	☑	☑	☐	
4	ET	Time	T#0ms	☐	☑	☐	☑	☐	
5	IN	Bool	false	☐	☑	☑	☑	☐	
6	Q	Bool	false	☐	☑	☐	☑	☐	
7	▼ T2	IEC_TIMER		☐	☑	☑	☑	☐	
8	PT	Time	T#0ms	☐	☑	☑	☑	☐	
9	ET	Time	T#0ms	☐	☑	☐	☑	☐	
10	IN	Bool	false	☐	☑	☑	☑	☐	
11	Q	Bool	false	☐	☑	☐	☑	☐	

图 3-54　定时器数据块

根据天塔之光的 I/O 分配表创建变量表，如图 3-55 所示。变量表中，每盏灯的控制变量可以都列出来及对应% QB0。由于 3 个输入信号是按钮，还需要对两个灯效控制增加辅助运行，对于定时器循环还需要循环辅助信号。由于灯 HL9 需要单独控制，如选用线圈指令，在每种灯效里 HL9 都要使用辅助继电器 M 进行控制。

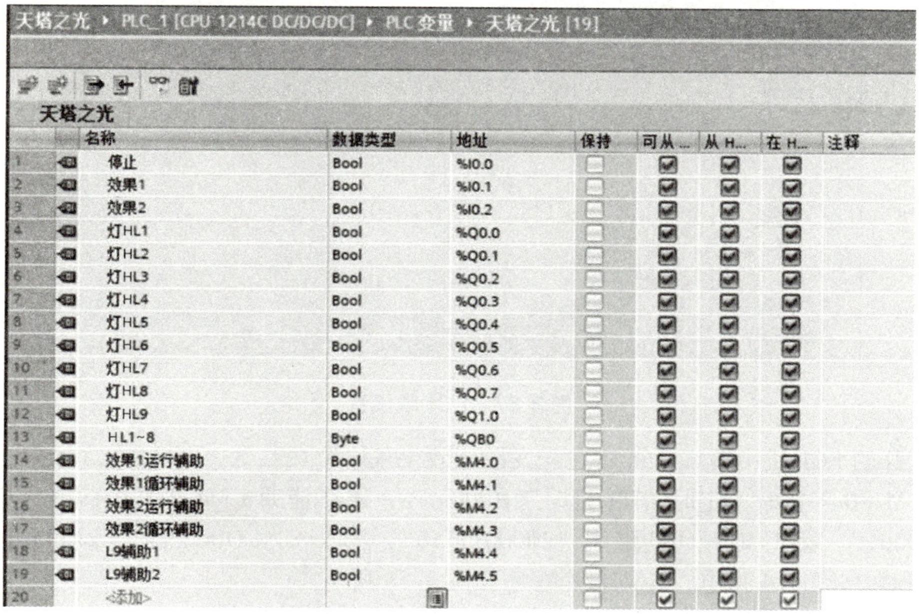

天塔之光 ▸ PLC_1 [CPU 1214C DC/DC/DC] ▸ PLC 变量 ▸ 天塔之光 [19]

天塔之光

	名称	数据类型	地址	保持	可从 ...	从 H...	在 H...	注释
1	停止	Bool	%I0.0	☐	☑	☑	☑	
2	效果1	Bool	%I0.1	☐	☑	☑	☑	
3	效果2	Bool	%I0.2	☐	☑	☑	☑	
4	灯HL1	Bool	%Q0.0	☐	☑	☑	☑	
5	灯HL2	Bool	%Q0.1	☐	☑	☑	☑	
6	灯HL3	Bool	%Q0.2	☐	☑	☑	☑	
7	灯HL4	Bool	%Q0.3	☐	☑	☑	☑	
8	灯HL5	Bool	%Q0.4	☐	☑	☑	☑	
9	灯HL6	Bool	%Q0.5	☐	☑	☑	☑	
10	灯HL7	Bool	%Q0.6	☐	☑	☑	☑	
11	灯HL8	Bool	%Q0.7	☐	☑	☑	☑	
12	灯HL9	Bool	%Q1.0	☐	☑	☑	☑	
13	HL1~8	Byte	%QB0	☐	☑	☑	☑	
14	效果1运行辅助	Bool	%M4.0	☐	☑	☑	☑	
15	效果1循环辅助	Bool	%M4.1	☐	☑	☑	☑	
16	效果2运行辅助	Bool	%M4.2	☐	☑	☑	☑	
17	效果2循环辅助	Bool	%M4.3	☐	☑	☑	☑	
18	L9辅助1	Bool	%M4.4	☐	☑	☑	☑	
19	L9辅助2	Bool	%M4.5	☐	☑	☑	☑	
20	<添加>			☐	☑	☑	☑	

图 3-55　变量表

按照模块化程序结构，可以将天塔之光的每种灯光效果都创建一个功能 FC，在 Main（OB1）中调用就可以了。

（1）发散型灯效 1 控制功能 FC1 在程序块中双击"添加新块"，如图 3-56 所示。

图 3-56　添加新块

在弹出的"添加新块"对话框中，在名称中输入"灯闪效果 1"，选择"FC 函数"，语言选择"LAD"，单击"确定"按钮，如图 3-57 所示。

图 3-57　FC1 块设置

在打开的 FC1 块中输入"天塔之光发散型效果程序"。

当%M4.0 工作时，定时器 T1 延时工作并循环，循环辅助%M4.1。第 1s 时%QB0 赋值"2#00000001"，第 2s 时%QB0 赋值"2#00011110"，第 3s 时%QB0 赋值"2#11100000"并且 HL9 辅助 1%M4.4 得电，控制参考程序如图 3-58 所示。

（2）旋转型灯效 2 控制功能块 FC2 用同样的方法创建灯光效果 2（FC2）块，在 FC2 块中输入"天塔之光旋转型灯效程序"，如图 3-59 所示。

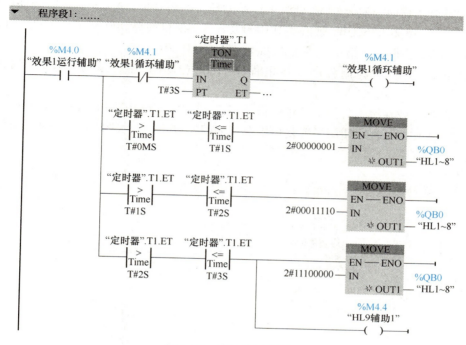

图 3-58 FC1 控制程序

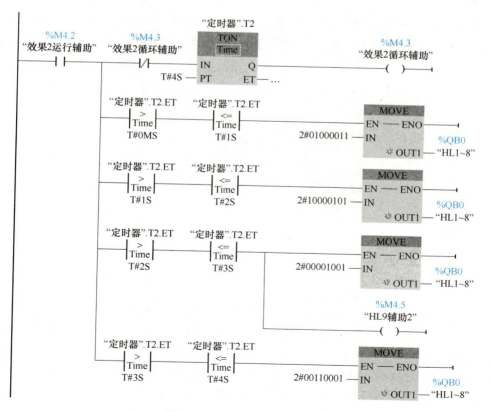

图 3-59 FC2 控制参考程序

当%M4.2工作时，定时器T2延时工作并循环，循环辅助%M4.3。第1s时%QB0赋值"2#01000011"，第2s时%QB0赋值"2#10000101"，第3s时%QB0赋值"2#00001001"且HL9辅助2%M4.5得电，第4s时%QB0赋值"2#00110001"。

（3）Main（OB1）控制程序　在主程序Main（OB1）中，编写总控程序调用效果功能。

1）发散型灯效在按下效果1按钮%I0.1后运行，按下停止按钮%I0.0后停止。效果1运行辅助%M4.0控制程序使用了置复位指令，如图3-60所示。%M4.0运行调用灯闪效果1（%FC1）。

图3-60　效果1运行辅助程序

2）发散型灯效在按下效果2按钮%I0.2后运行，按下停止按钮%I0.0后停止。效果2运行辅助%M4.2控制程序也使用了置复位指令，如图3-61所示。%M4.2运行调用灯闪效果2（%FC2）。

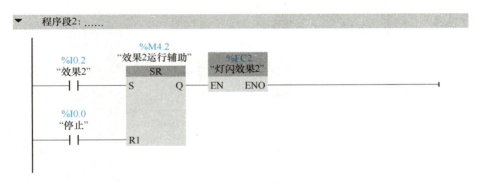

图3-61　效果2运行辅助程序

3）灯HL9输出控制和停止控制程序。

灯效1和灯效2的辅助继电器控制灯HL9工作，当按下停止按钮时，灯全灭，给%QB0赋值0，参考程序如图3-62所示。只需要对%QB0进行赋值，HL9使用的是线圈指令，并且HL9辅助继电器受运行状态继电器控制，停止时都复位了。

在项目总览中选择程序块（如图3-63所示），就可以看到天塔之光控制项目的程序块情况，如图3-64所示。本任务中除了组织块OB外，还创建了3个程序块，灯闪效果1和灯闪效果2，以及定时器数据块（DB）。

▼　程序段3：……

```
       %M4.4                                                      %Q1.0
     "HL9辅助1"                                                   "灯HL9"
       ┤ ├                                                        ( )

       %M4.5
     "HL9辅助2"
       ┤ ├
```

▼　程序段4：……

```
    %I0.0          ┌──────────────┐
    "停止"          │     MOVE     │
     ┤ ├───────────┤ EN      ENO ├──
                   │              │
              0 ───┤ IN           │
                   │        %QB0  │
                   │  ✳ OUT1  "HL1~8" │
                   └──────────────┘
```

图 3-62　HL9 和停止控制参考程序

图 3-63　项目总览

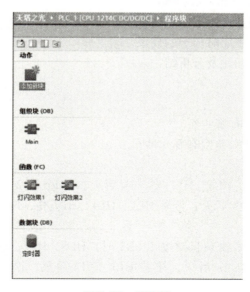

图 3-64　程序块

125

编译并保存程序，整体检查后下载程序。

5. 运行调试

下载运行程序后，进行天塔之光控制调试，并记录结果。

当按下效果 1 按钮 %I0.1 时，天塔之光的灯光效果是发散地从中心向外亮。当按下效果 2 按钮 %I0.2 时，天塔之光的灯光效果是旋转地围绕中心灯旋转亮。当按下停止按钮 %I0.0 时，全部灯熄灭。

观察是否按照动作流程变化。如果想查看开关、灯及定时器的 ET 运行状态时，可打开监控信号，如图 3-65 所示。

	名称	数据类型	地址	保持	可从...	从 H...	在 H...	监视值	注释
1	停止	Bool	%I0.0		✓	✓	✓	FALSE	
2	效果1	Bool	%I0.1		✓	✓	✓	FALSE	
3	效果2	Bool	%I0.2		✓	✓	✓	FALSE	
4	灯HL1	Bool	%Q0.0		✓	✓	✓	FALSE	
5	灯HL2	Bool	%Q0.1		✓	✓	✓	TRUE	
6	灯HL3	Bool	%Q0.2		✓	✓	✓	TRUE	
7	灯HL4	Bool	%Q0.3		✓	✓	✓	TRUE	
8	灯HL5	Bool	%Q0.4		✓	✓	✓	TRUE	
9	灯HL6	Bool	%Q0.5		✓	✓	✓	FALSE	
10	灯HL7	Bool	%Q0.6		✓	✓	✓	FALSE	
11	灯HL8	Bool	%Q0.7		✓	✓	✓	FALSE	
12	灯HL9	Bool	%Q1.0		✓	✓	✓	FALSE	
13	HL1~8	Byte	%QB0		✓	✓	✓	16#1E	
14	效果1运行辅助	Bool	%M4.0		✓	✓	✓	TRUE	
15	效果1循环辅助	Bool	%M4.1		✓	✓	✓	FALSE	
16	效果2运行辅助	Bool	%M4.2		✓	✓	✓	FALSE	
17	效果2循环辅助	Bool	%M4.3		✓	✓	✓	FALSE	
18	HL9辅助1	Bool	%M4.4		✓	✓	✓	FALSE	
19	HL9辅助2	Bool	%M4.5		✓	✓	✓	FALSE	

图 3-65　天塔之光监控信号

6. 实验实训报告要求

1）按所选择的实训方案写出控制要求。

2）画出 PLC 的 I/O 端口和电源接线图。

3）列出调试好的实训梯形图程序和注释说明。

4）整理出运行和监视程序时出现的现象。

5）写出实训中的存在问题及分析结论。

➤ **思考与练习**

1. S7-1200 PLC 程序块有哪些？

2. S7-1200 PLC 程序结构类型有哪几种？

3. 完成天塔之光效果：

1）隔两灯闪烁：HL1、HL4、HL7 亮，1s 后灭，接着 HL2、HL5、HL8 亮，1s 后灭，接着 HL3、HL6、HL9 亮，1s 后灭，接着 HL1、HL4、HL7 亮，1s 后灭，如此循环。试编制程序，并上机调试运行。

2）收缩型效果：按收缩效果起动按钮 SB3 时，HL6、HL7、HL8、HL9 亮 1s 后灭，接着 HL2、HL3、HL4、HL5 亮 1s 后灭，接着 HL1 亮 1s 后灭，循环重复过程，按停止按钮 SB1 时停止。

模块4

PLC与人机界面应用

本模块主要介绍 PLC 与人机界面的控制应用，介绍 S7-1200 与西门子精简系列人机界面的应用。对应电工国家职业技能标准要求高级工和技师掌握的 PLC 技术的知识点和技能点，主要使学生通过对西门子精简系列面板使用、博途软件 WinCC 的 HMI 编辑使用、PLC + HMI 工程项目调试等任务，由简到难逐步进行人机界面的学习及应用。

4.1　西门子精简系列面板

➤ 学习要点

知识点：
⊙ 了解西门子精简系列面板。
⊙ 掌握精简面板 KTP700 Basic 的结构及接口的作用。

技能点：
⊙ 能够进行精简面板 KTP700 Basic 的安装。
⊙ 会用工具进行精简面板 KTP700 Basic 的连接。
⊙ 会进行精简面板 KTP700 Basic 的运行调试。

➤ 知识学习

4.1.1　西门子精简系列面板介绍

SIMATIC HMI（精简面板）为机械工程专业可视化提供了新的发展前景，对所有的设备都可以提供基本 HMI 功能，也就是说可以让用户以非常经济的方式将 HMI 功能集成到小型设备或者简单的工程应用中。对于全新的 SIMATIC S7-1200 控制系统而言，SIMATIC 精简面板也是最佳的功能扩展，如图 4-1 所示。

新一代的低成本 HMI 满足了对高品质可视化的需求，即使在小型机器和设备中同样适用。凭借第二代 SIMATIC HMI 精简系列面板，西门子满足了用户对高品质可视化和便捷操作的需求。在一系列任务中只要涉及人机协作，设备监测与操作员控制就必不可少。为特定任务选择相应的设备并不困难，难的是找到一套面向未来的灵活解决方案，除需集成到上位网络之外，还需满足不断增长的数据高透明度与处理能力要求。精简系列面板功能强大，性能卓越，可完美应用于工厂的各种应用之中。

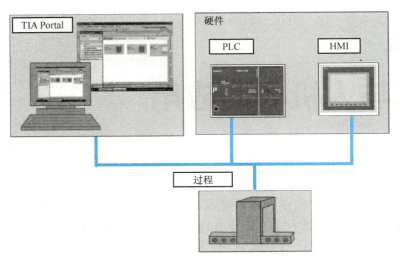

图 4-1　控制工程系统示意图

借助 PROFINET 或 PROFIBUS 接口及 USB 接口，其连通性也有了显著改善。借助 WinCC（TIA Portal）的最新软件版本可进行简易编程，从而实现新面板的简便组态与操作，如图 4-2 所示。

TIA 博途软件中的 WinCC 不只是可视化组态软件，从设备可视化到高性能的 SCADA 系统，TIA 博途中集成有 SIMATIC WinCC 和其他高效工具，可涵盖工程组态与可视化软件的所有功能，实现与所有性能等级应用的无缝衔接。

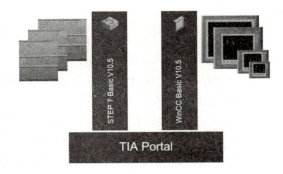

图 4-2　统一的工程组态系统

1. 基本型人机界面（HMI）

基本型 HMI 适用于简单 HMI 任务的经济型解决方案。基本型 HMI 的外形如图 4-3 所示。

图 4-3　基本型 HMI 的外形

1）SIMATIC HMI 按键面板。SIMATIC HMI KP8/KP8F 和 KP32F 按键面板，可直接用作操作员面板。这些面板采用预装配设计，可直接安装，从而节省了大量的安装时间与成本。这种面板的特点如下：

① 安装灵活、便捷，可直接安装在控制柜中（防护等级为 IP65）。

② 按键带有 LED 背光灯（5 种颜色）。

③ 可通过集成的交换机直接连接 PROFINET。

④ 数字量 I/O，可连接按键或指示灯。

⑤ 集成安全功能，通过 PROFIsafe 进行信号的故障安全传输。

2）SIMATIC HMI 新一代精简面板。这种经济高效的精简系列面板，专为设备级简单可视化任务量身打造。这一系列设备凭借其优越的性能与实惠的价格备受设备级应用的青睐。其设计简单大方，创新性图形化界面，使用效率显著提高，启动与数据记录归档速度大幅提高，与 S7-1200 控制器完美协同。这种面板的特点如下：

① 4~12in（1in=2.54cm）可调背光宽屏显示，6.5 万色高分辨率（可组态为竖屏显示）。

② 触屏操作与可任意组态的按键，支持各种组合操作。

③ 通过 USB 连接进行项目传输、数据归档、键盘与鼠标连接。

④ 支持 PROFIBUS 或 PROFINET 通信。

2. 增强型人机界面（HMI）

增强型 HMI 操作灵活便捷，是复杂 HMI 任务的首选。增强型 HMI 的外形如图 4-4 所示。

图 4-4　增强型 HMI 的外形

1）SIMATIC HMI 精智面板。SIMATIC HMI 精智面板可满足设备级的各种高可视化要求。其凭借优异的性能与多样化的界面显示，成为高端应用的理想之选。这种面板的特点如下：

① 色彩绚丽的 4~22in 可调背光宽屏显示，1600 万色高分辨率（可组态为竖屏显示）。

② 触摸式或按键式操作，最大视角可达 170°。

③ 集成系统存储卡，实现数据自动备份。

④ 集成电源管理功能和 PROFlenergy。

⑤ 与 SIMATIC S7-1500 控制器完美协同。

2）SIMATIC HMI 移动面板。这种面板可轻松进行电源管理与安全操作，成为高端移动应用的不二之选。该面板支持线缆或 Wi-Fi 通信，还可应用于故障安全设备和分布较广的工厂中。这种面板的特点如下：

① 色彩绚丽的 4in、7in 和 9in 可调背光宽屏显示，1600 万色高分辨率。

② 可通过接线盒或 RFID（IWLAN 版）快速定位。

③ 集成安全功能，适用于各种集成解决方案。

④ 灵活的安全开关元件评估机制，可连接故障安全型 S7 控制器。

⑤ 独特的带照明急停按钮，支持 PROFIsafe。

➢ **任务实施**

4.1.2　精简面板 KTP700 Basic 的安装

1. 熟悉精简面板 KTP700 Basic 的 PROFINET 设备接口

精简面板 KTP700 Basic 的 PROFINET 设备结构及接口如图 4-5 所示。

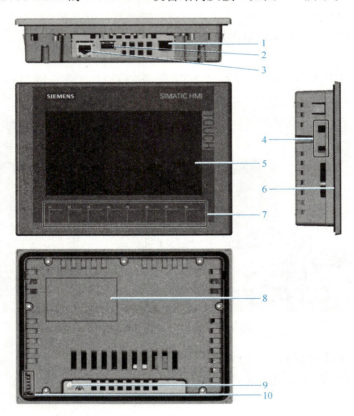

图 4-5　KTP700 Basic 的设备结构及接口

1—电源接口　2—USB 接口　3—PROFINET 接口

4—装配夹的开口　5—显示屏/触摸屏

6—嵌入式密封件　7—功能键　8—铭牌

9—功能接地的接口　10—标签条导槽

2. 选择安装地点

选择安装位置时应注意以下几点：

1）正确放置 HMI 设备，以使其不会直接暴露在阳光下。

2）将 HMI 设备放置在操作人员便于操作的位置。

3）选择合适的安装高度。

4）确保安装后未挡住 HMI 设备的通风孔。

3. 安装精简面板 KTP700 Basic

（1）安装准备 安装工具和附件见表 4-1。

表 4-1 安装工具和附件

工具附件图	说 明	尺寸或数量
	带有替换槽的力矩螺钉旋具	2 号尺寸
	装配夹	7 个

（2）安装过程

1）精简面板的安装，如图 4-6 所示。

① 在设备中将标签条推到导槽上（如果有）。

② 将操作设备从前面装入安装截面。

注意：露出的标签条不能夹在安装截面与操作设备之间。

2）精简面板的固定。如图 4-7 所示，用铝制装配夹将精简面板加以固定。

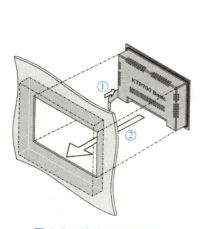 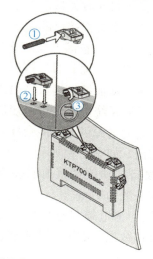

图 4-6 精简面板的安装　　　图 4-7 用铝制装配夹固定面板

① 如果装配夹和螺钉分开包装，则将每根螺钉以更少的圈数旋进装配夹的孔眼中。

② 将第一个装配夹插入相应的开口。

③ 用 2 号螺钉旋具固定装配夹，允许的最大力矩为 0.2N·m。

④ 重复第①~③步，固定其他所有用于固定操作设备的装配夹。

4. 精简面板 KTP700 Basic 的接线

精简面板 KTP700 Basic 应使用带端子连接器的铜线进行接线操作，比如 DC 24V 电源连接器的 DC 24V 电源线等。连接设备所需工具和附件见表 4-2。

表 4-2　连接设备所需工具和附件

工具附件图	说　明	尺寸或数量
	带有替换槽的力矩螺钉旋具	2 号尺寸
	带有十字替换槽的力矩螺钉旋具	3 号尺寸
	卡簧钳	
	电源插头	1 个
	电流强度足够的 DC 24V 电源	1 个

连接导线时，注意不要弯曲插针。将连接器拧入插孔，以紧固电缆插头对所有连接电缆都进行充分的去张力操作。在技术数据中查询接口的引脚分配规范。

（1）电位均衡连接　空间上彼此分开的系统部件之间可能会出现电位差。电位差通过数据线可能会导致产生较高的补偿电流，从而损坏接口。如果在两侧安置了电缆屏蔽层或对不同系统部件进行了接地，则可能会出现补偿电流。不同的电源供电可能会导致电位差，所以需要连接电位均衡，如图 4-8 所示。

① 将操作设备的功能性接地连接与电位均衡电缆相连，横截面积一般为 4mm²。

② 连接电位均衡电缆与电位均衡汇流排。为等电势线、接地连接和数据线的屏蔽体支撑使用等电位连接端子。

（2）精简面板 KTP700 Basic 连接电源　连接电源一般使用横截面积最大值为 1.5mm² 的电源电缆，并对电源电缆接头进行处理，如图 4-9 所示。

① 将两根电源电缆的末端外皮分别剥去 6mm 长。

② 将电缆轴套套在已剥皮的电缆末端。

视频 13

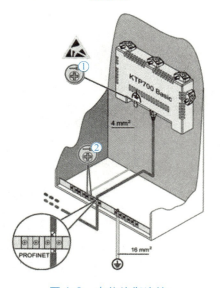

图 4-8　电位均衡连接

③ 用卡钳将电缆轴套固定在电缆末端。

精简面板 KTP700 Basic 与电源的连接如图 4-10 所示。

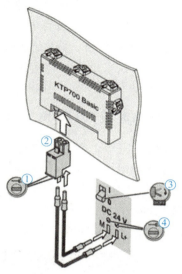

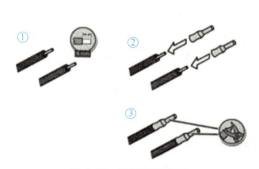

图 4-9　电源电缆接头

图 4-10　电源连接

① 将两条电源线连接到电源插头上，使用一枚有槽螺钉固定电源线。

② 将电源插头与 HMI 设备相连，根据 HMI 设备背面的接口标记检查电线的极性是否正确。

③ 关闭电源。

④ 将余下电缆的两端接入电源的接口，并用一字槽螺钉旋具加以固定。此时注意极性是否正确。

（3）精简面板 KTP700 Basic 连接组态 PC　将组态 PC 连接到带 PROFINET 接口的精简系列面板上，通过组态 PC 可以进行传输项目、传输操作设备镜像、将操作设备复位为出厂设置等，如图 4-11 所示。

① 关闭操作设备。

② 将 LAN 电缆的一个 RJ45 插头与操作设备相连。

③ 将 LAN 电缆的一个 RJ45 插头与组态 PC 相连。

也可以将带 PROFINET 接口的精简系列面板连接在 SIMATIC 控制器上，如 SIMATIC S7-200、SIMATIC S7-300/400、SIMATIC S7-1200、SIMATIC S7-1500、WinAC、SIMOTION、LOGO! 等。

5. 设备的拆卸

原则上应按照与安装和连接过程相反的顺序拆卸 HMI 设备。具体操作步骤如下：

1）如果一个项目正在 HMI 设备上运行，则请使用专门为此组态的操作元件退出该项目。请等待，直

图 4-11　连接组态 PC

至显示 Start Center。

2）关闭 HMI 设备的电源。

3）移除 HMI 设备上所有的电缆夹，以消除连接线应力。

4）移除 HMI 设备上所有接线插头和等电势线。

5）固定 HMI 设备，确保其不会从安装开口处掉落。

6）松开装配夹的螺钉，并移除所有装配夹。

7）从安装开口移除 HMI 设备。

4.1.3 精简面板 KTP700 Basic 的调试

设备安装完毕，接通电源后屏幕马上会亮起来，如图 4-12 所示。如果 HMI 设备未启动，可能是电源插头上的电线连接错误，此时应检查连接的线缆，必要时可更改接口。

系统启动后，显示启动中心（Start Center），如图 4-13 所示。此时，可以通过触摸屏上的按钮或所连接的鼠标或键盘操作启动中心。

图 4-12　HMI 起动电源

图 4-13　启动中心画面

1. 传输模式的使用

利用传输按钮（Transfer）将操作设备切换至传输模式（Transfer）。只有当至少一条用于传输的数据通道被释放时，才能激活"Transfer"运行模式。

2. 运行模式的使用

利用"Start"按钮起动操作设备上现有的项目。

3. 设置设备参数

利用"Settings"按钮启动 Start Center 的"Settings"页面。可以在此页面中进行各种设置，如操作设置、通信设置、密码保护、传输设置、屏幕保护程序、声音信号等。Start Center 分为导航区和工作区，如图 4-14 所示。

如果设备配置为横向模式，则导航区在屏幕左侧，工作区在右侧。如果设备配置为纵向模式，则导航区在屏幕上方，工作区在下方。如果导航区或工作区内无法显示所有按键或符号，则将出现滚动条。可以通过滑动手势滚动导航或工作区，如图 4-15 所示。注意：应在标记的区域内进行滚动操作，不要在滚动条上操作。

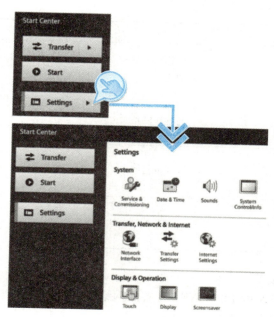

图 4-14　设备参数设置

图 4-15　滚动操作

在大多数输入区中会对所输入的数值进行检查，无效数值会通过红色边框和红色字体显示出来。切换到其他选项卡或窗口时将应用并保存已更改的设置。

表4-3介绍了在 Start Center 中可用于配置操作设备的功能。根据设备型号和设备配置的不同，有些功能可能会被隐藏。

表4-3　设备配置功能

符　号	名　称	功　能
	服务和调试 Service & Commissioning	在外部存储介质上备份、恢复或加载项目；更改控制器的 IP 地址和设备名称；编辑通信连接
	日期与时间 Date & Time	配置时间服务器；输入时间和日期
	声音 Sounds	激活声音信号
	系统控制/信息 System Control/Info	配置自动启动或等待时间；更改密码；显示操作设备的信息
	网络接口 Network Interface	更改 PROFINET 设备的网络设置；更改 PROFI-BUS 设备的网络设置
	传输参数设置 Transfer Settings	传输参数设置

（续）

符　号	名　称	功　能
	Internet 设置 Internet Settings	配置 Sm@rt Server；通过 USB 导入认证；显示和删除认证
	触摸 Touch	校准触摸屏
	显示器 Display	更改屏幕设置
	屏幕保护程序 Screensaver	设置屏幕保护程序

4. 更改 PROFINET 设备的网络设置

第二代精简系列面板 KTP700 Basic PN 的 PROFINET 设备的网络设置，"Settings" 按钮启动 Start Center 的 "Settings" 页面，如图 4-16 所示。

① 触摸 "Network Interface" 图标。

② 在通过 "DHCP" 自动分配地址和特别指定地址之间进行选择。

③ 如果自行分配地址，通过屏幕键盘在输入框 "IP address" 和 "Subnet mask" 中输入有效的值，有可能还需要填写 "Default gateway"。

④ 在 "Ethernet parameters" 下的选择框 "Mode and speed" 中选择 PROFINET 网络的传输率和连接方式。有效数值为 10 Mbit/s 或 100 Mbit/s 和 "HDX"（半双工）或 "FDX"（全双工）。如果选择条目 "Auto Negotiation"，将自动识别和设定 PROFINET 网络中的连接方式和传输率。

⑤ 若激活开关 "LLDP"，则操作设备与其他操作设备交换信息。

⑥ 在 "Profinet" 下的 "Device name" 框中输入 HMI 设备的网络名称。PROFINET 设备名称必须满足下面两个条件：

第一，最多分为四部分，每部分最多63个字符。举例："Presse1. Kotfluegel. Karrosseriefertigung. Halle3"。

第二，字母 "a" 到 "z"，数字 "0" 至 "9"；特殊字符 "-" 和 "."。

注意：IP 地址冲突时会出现通信故障，如果一个网络中的多台设备拥有相同的 IP 地址，则在通信时可能会出错。为网络中的每台操作设备分

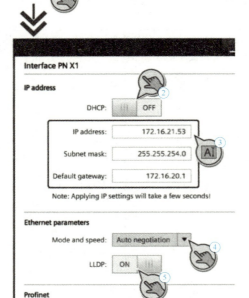

图 4-16　IP 地址设置

配单独的 IP 地址。IP 设置更改后，HMI 设备在应用设置时会检查网络 IP 地址是否是唯一的。如果地址重复，将显示错误消息。

对于第二代精简面板 KTP700 Basic PN，单击启动画面的传输按钮"Transfer"后，画面将显示"Waiting for Transfer…"，如图 4-17 所示，表明面板进入传送模式且面板设置完毕。

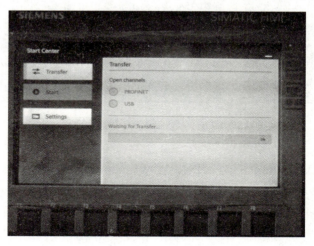

图 4-17　HMI 面板设置完毕

➢ **思考与练习**

　　1. 简述西门子精简系列面板的种类。
　　2. 人机界面可以应用在哪些领域？
　　3. 上网查阅有关人机界面的产品资料。

4.2　TIA Portal 中的可视化

➢ **学习要点**

知识点：
⊙ 了解博途软件中的 WinCC。
⊙ 掌握按钮、灯等元件的参数设置。
技能点：
⊙ 能够在项目中创建 HMI 设备。
⊙ 会用博途软件进行 HMI 画面编辑。
⊙ 会进行 PLC＋HMI 工程项目下载调试。

➢ **知识学习**

4.2.1　TIA Portal 中 WinCC 简述

　　HMI 系统相当于用户和过程之间的接口，如图 4-18 所示。过程操作主要由 PLC 控制，用户可以使用 HMI 设备来监视过程或干预正在运行的过程。用于操作和监视机器与工厂的显示过程、操作过程、输出报警、管理过程参数和配方等。

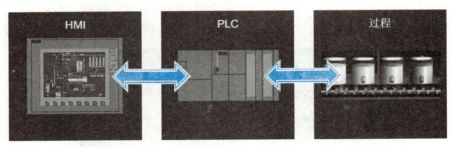

图 4-18　过程控制

1. WinCC 版本

TIA Portal 博途软件中的 WinCC 是使用 WinCC Runtime Advanced 或 SCADA 系统 WinCC Runtime Professional 可视化软件组态 SIMATIC 面板、SIMATIC 工业 PC 以及标准 PC 的工程组态软件，如图 4-19 所示。

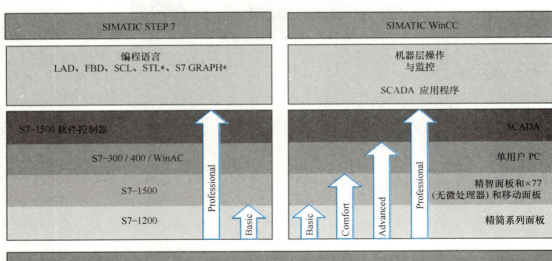

图 4-19　TIA Portal 博途软件应用

WinCC（TIA Portal）有 4 种版本，具体使用要取决于可组态的操作员控制系统：

① WinCC Basic：用于组态精简系列面板。WinCC Basic 包含在每款 STEP 7 Basic 和 STEP 7 Professional 产品中。

② WinCC Comfort：用于组态所有面板，包括精智面板和移动面板。

③ WinCC Advanced：用于通过 WinCC Runtime Advanced 可视化软件组态所有面板。

WinCC Runtime Advanced 是一个基于 PC 单站系统的可视化软件。

注意 WinCC Runtime Advanced 可购买带有 128、512、2K、4K、8K 和 16K 个外部变量（带过程接口的变量）的许可。

④ WinCC Professional：用于使用 WinCC Runtime Advanced 或 SCADA 系统 WinCC Runtime Professional 组态面板。WinCC Professional 有以下版本：带有 512 个和 4096 个外部变量的 WinCC Professional 以及 "WinCC Professional（大外部变量数）"。

WinCC Runtime Professional 是一种用于构建组态范围从单站系统到多站系统（包括标准客户端或 Web 客户端）的 SCADA 系统。WinCC Runtime Professional 可购买带有 128、512、2K、4K、8K、64K、100K、150K 和 256K 个外部变量（带过程接口的变量）的许可。

通过 WinCC（TIA Portal），还可以使用 WinCC Runtime Advanced 或 WinCC Runtime Professional 组态 SINUMERIK PC 以及使用 SINUMERIK HMI Pro sl RT 或 SINUMERIK Operate WinCC RT Basic 组态 HMI 设备。

在 WinCC 中，可以创建操作员用来控制和监视机器设备和工厂的画面。创建画面时，所包含的对象模板将在显示过程、创建设备图像和定义过程值方面为用户提供支持。

2. 图形对象

用户可以使用 TIA Portal 创建用于操作和监视机器与工厂的画面。预定义的对象可协助创建这些画面；可以使用这些对象仿真机器、显示过程和定义过程值。HMI 设备的功能决定了 HMI 中的项目可视化和图形对象的功能范围。

图形对象是所有可用于 HMI 中项目可视化的元素。例如，用于可视化机器部件的文本、按钮、图表或图形。

图形对象可进行静态可视化或借助变量用作动态对象：

① 运行系统中的静态对象不会发生改变。

② 动态对象会根据过程改变。用户可通过变量来可视化当前过程值，如 PLC 存储器中的 PLC 变量，以字母数字、趋势图和棒图形式显示的 HMI 设备存储器中的内部变量。

动态对象还包括 HMI 设备中的输入域，用以通过变量在 PLC 和 HMI 设备之间交换过程值和操作员输入值。

3. 集中数据管理

在 TIA Portal 博途软件中，所有数据都存储在一个项目中。修改后的应用程序数据（如变量）会在整个项目内（甚至跨越多台设备）自动更新。

跨项目组成部分的符号寻址，如果在不同 PLC 的多个块中以及 HMI 画面中使用了过程变量，则可以在程序中的任意位置创建或修改该变量。这种情况下，在哪个设备的哪个块中进行修改并不重要，如图 4-20 所示。

TIA Portal 提供以下用于定义 PLC 变量的选项：

① 在 PLC 变量表中定义。

② 在程序编辑器中定义。

③ 通过 PLC 输入和输出的链接来定义。

所有已定义的 PLC 变量都列在 PLC 变量表中，并可在表中进行编辑。变量修改是集中执行且不断进行更新的。一致的数据管理免去了在同一项目内的不同参与者之间（如 PLC 程序员与 HMI 设计者之间）进行同步的必要。

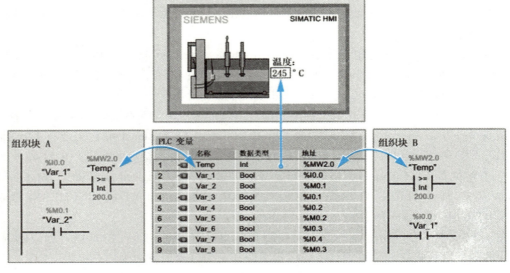

图 4-20　PLC 变量调用

通过库可以在同一项目和其他项目中再次使用项目组成部分。

① 块、PLC 变量、PLC 变量表、中断、HMI 画面、单个模块或完整站等元素可存储在本地库和全局库中。

② 设备和定义的功能可以重复使用。

③ 通过全局库可轻松实现项目之间的数据交换。

➤ **任务实施**

4.2.2　在项目中创建 HMI 设备

需要在已创建程序的工程项目添加 HMI 设备，我们以在之前学习过的电动机应用模块中的三相异步电动机连续运行控制项目中添加 HMI 设备为例，学习如何进行 HMI 设备添加。

视频14

1. 创建 PLC + HMI 的 PLC 项目

该控制使用触摸屏上的按钮控制电动机的起动和停止，触摸屏上的元件一般都用辅助继电器 M 作为变量，PLC 变量表如图 4-21 所示。

		名称	数据类型	地址	保持	可从 …	从 H…	在 H…	注释
		电机控制							
1		HMI起动按钮	Bool	%M0.0	☐	☑	☑	☑	
2		HMI停止按钮	Bool	%M0.1	☐	☑	☑	☑	
3		HMI电动机	Bool	%M0.2	☐	☑	☑	☑	
4		电动机	Bool	%Q0.0	☐	☑	☑	☑	

图 4-21　PLC 变量表

在 PLC 的 Main（OB1）块中输入电动机连续控制程序，如图 4-22 所示。由 HMI 上的起动和停止按钮控制电动机的运行。

图4-22 PLC控制程序

2. 添加新的 HMI 设备

1）在已打开的 PLC + HMI 控制项目视图中，使用项目树添加一个新设备，如图 4-23 所示。

2）指定名称并选择一个 HMI 设备。

① 设备名称默认为"HMI_1"，也可以自行命名。

② 选择 HMI 设备。

③ 选择"SIMATIC 精简系列面板"中的 KTP700 Basic PN 设备。设备依据所使用的实际设备进行选择，可参考设备后的型号标签。在选择设备型号后，在窗口的右侧会显示出设备的外形、名称、订货号、版本、说明等信息。

④ 单击"确定"按钮将 HMI 设备添加到项目中。保留"启动设备向导"（Start device wizard）复选框为选中状态，如图 4-24 所示。

图4-23 添加新设备

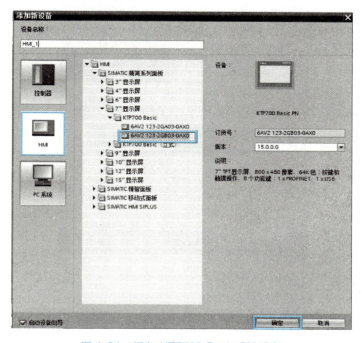

图4-24 添加 KTP700 Basic PN 设备

3. 创建 HMI 画面的模板

创建完 HMI 设备后，将打开 HMI 设备向导。HMI 设备向导以"PLC 连接"（PLC connections）对话框开始，如图 4-25 所示。

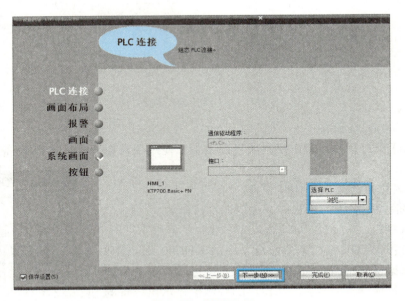

图 4-25　PLC 连接

（1）组态与 PLC 的连接

1）单击"选择 PLC"条目下的浏览，选择"PLC_1"，单击"V"按钮，如图 4-26 所示。也可以在"设备和网络"（Devices & Networks）下组态 HMI 设备与 PLC 之间的连接。如果在该对话框中组态连接，将会自动建立连接。

图 4-26　选择连接的 PLC

2）单击"下一步"按钮。

（2）画面布局设置　选择模板的背景色和页眉的构成元素，如图 4-27 所示。

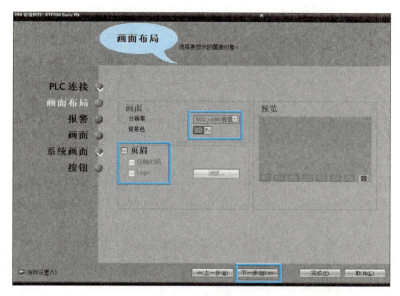

图 4-27　画面布局

① 选择画面的背景色，默认为灰色。

② 选择是否需要页眉设置日期和时间。

③ 单击"下一步"按钮。

（3）报警设置　报警设置如图 4-28 所示。对于此实例项目来说，无须使用报警。单击"下一步"按钮。

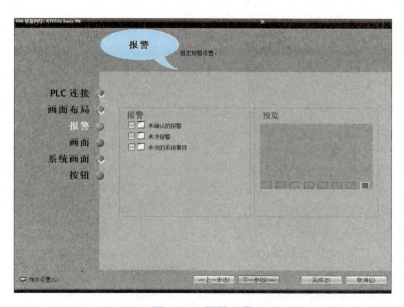

图 4-28　报警设置

如果通过 HMI 设备向导启用报警，则可以通过 HMI 设备输出报警。在此处所创建的报警窗口将创建在"画面管理"下的全局画面中。报警的用途有很多，例如可在超出限制值时通过 HMI 设备输出警告。再比如，可以通过附加信息对报警内容进行补充，从而可以更容易地定位系统中的故障。

（4）画面设置 画面浏览如图 4-29 所示。单击"下一步"按钮。

图 4-29 画面浏览

可以通过单击"添加画面"按钮添加新画面，还可执行"删除画面""重命名""删除所有画面"等操作。

使用该对话框可以在更广泛的项目中创建画面并建立画面导航。用于在画面之间导航的按钮是自动创建的，如图 4-30 所示。

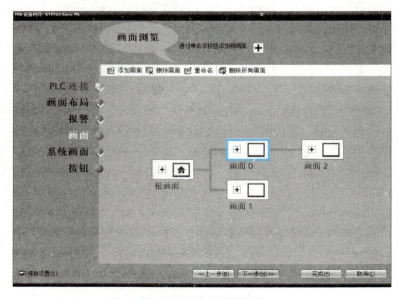

图 4-30 创建画面导航

（5）系统画面设置　系统画面如图4-31所示。对于此实例项目来说，无须使用系统画面。

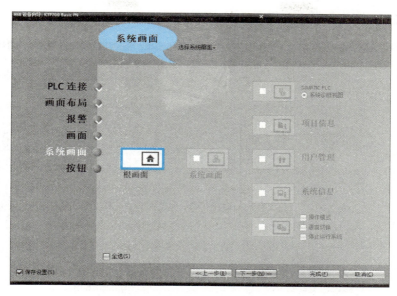

图4-31　系统画面

可将系统画面作为HMI画面使用以设置项目、系统和操作信息以及用户管理。与画面导航一样，用于在主画面和系统画面之间导航的按钮也是自动创建的。

（6）系统按钮设置　可以通过拖放功能或单击相应系统按钮来添加系统功能按钮，如图4-32所示，并且可以在该窗口中设置按钮的区域。

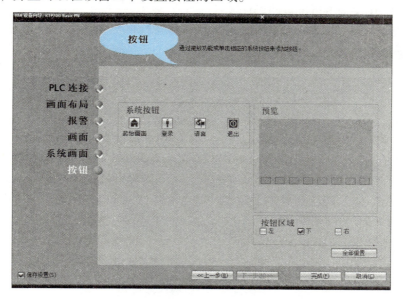

图4-32　按钮设置

例如：启用下面的"按钮区域"并插入"退出"（Exit）按钮，可使用该按钮终止系统运行。

当所有设置完成后，可以看到向导流程上都打对钩了，单击"完成"按钮保存设置。这时已在项目中创建了一个 HMI 设备并为 HMI 画面创建了一个模板。在项目视图中，创建的 HMI 画面将显示在编辑器中，如图 4-33 所示。

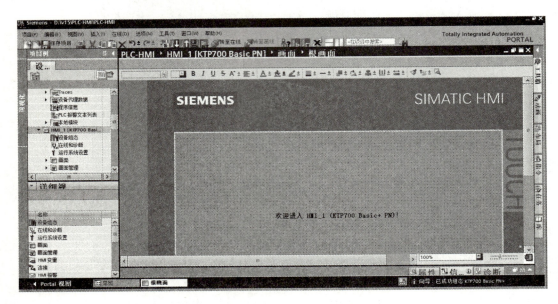

图 4-33　新创建的 HMI 设备

4. 在 CPU 和 HMI 设备之间创建网络连接

PLC 和 HMI 设备间创建网络连接后，在创建 HMI 设备向导时就可以进行网络连接了，也可以在创建 HMI 设备后再进行网络连接。

转到"设备和网络"（Devices and Networks）并选择网络视图来显示 CPU 和 HMI 设备，如图 4-34 所示。

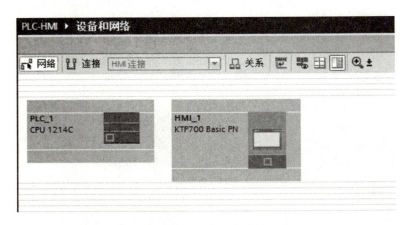

图 4-34　设备和网络视图

要创建 PROFINET 网络，只需从 PLC 设备的绿色框中拖出一条线连接到 HMI 设备的绿色框（以太网端口），随即会为这两个设备创建一个网络连接，如图 4-35 所示。

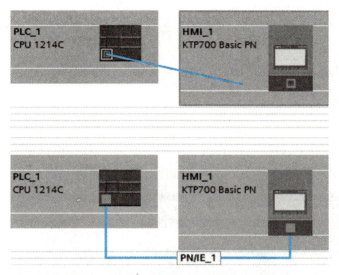

图4-35　创建 PLC 与 HMI 网络连接

通过在两个设备之间创建 HMI 连接，用户可以轻松地在两个设备之间共享变量。

选择相应的网络连接，单击"连接"（Connections）按钮并从下拉列表中选择"HMI 连接"（HMI connection），如图4-36所示。

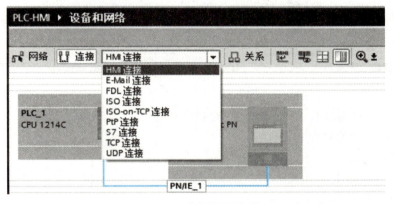

图4-36　选择 HMI 连接

HMI 连接会将相关的两个设备变为蓝色。选择 CPU 设备并拖出一条线连接到 HMI 设备。该 HMI 连接允许用户通过选择 PLC 变量列表对 HMI 变量进行组态，如图4-37所示。

图4-37　建立 HMI 连接

用户可以采用其他方法创建 HMI 连接：

① 通过从 PLC 变量表、程序编辑器或设备配置编辑器将 PLC 变量拖到 HMI 画面编辑器，自动创建 HMI 连接。

② 通过使用 HMI 向导浏览到相应 PLC，自动创建 HMI 连接。

4.2.3　HMI 画面编辑

TIA Portal 提供了一个标准库集合，用于插入基本形状、交互元素，甚至是标准图形，如图 4-38 所示。在 HMI 画面打开状态，打开项目视图右侧的工具箱，便可以看到基本对象、元素、控件、图形等各种元素。

视频 15

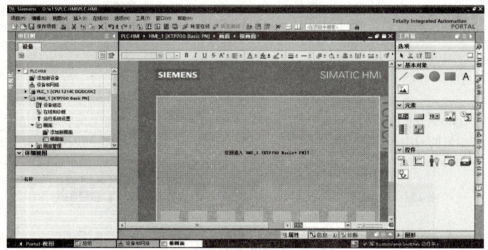

图 4-38　HMI 画面编辑

要添加元素，只需将其中一个元素拖放到画面中即可。使用元素的属性（在巡视窗口中）可以组态该元素的外观和特性。

1. 添加项目名称

在 HMI 设备画面上添加文本域，例如，在画面上添加项目名称"电动机连续运行控制"，如图 4-39 所示。

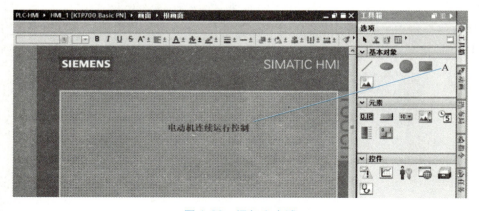

图 4-39　添加文本域

① 用鼠标选中文本域图标，将文本域拖动到画面合适的位置。

② 在文本域输入"电动机连续运行控制"字样。

③ 通过巡视窗口进行文本域属性的设置，如图4-40所示。巡视窗口中会将所使用的元素的属性、动画、事件、文本等数据参数都列出来，供用户进行设置。例如，本例中设置字体为"宋体，25px，style＝Bold"，选中"使对象合适内容"复选框。也可以在文本框中修改文本内容。

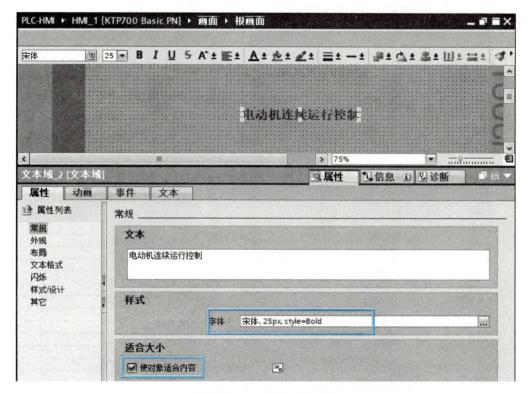

图4-40　文本域属性的设置

2. 创建按钮

可使用外部HMI变量访问PLC地址。例如，这允许用户通过HMI设备输入过程值或通过按钮直接修改控制程序的过程值。可通过链接到HMI设备的PLC中的PLC变量表来进行寻址。PLC变量通过符号名称链接到HMI变量。这意味着不必在更改PLC变量表中的地址时调整HMI设备。

1）创建电动机的起动按钮，如图4-41所示。将工具箱中的按钮元素拖拽放置在画面中。

2）在巡视窗口进行按钮属性、动画、事件、文本等参数的设置。

① 在常规列表中输入标签文本"起动按钮"，如图4-42所示。

② 在布局选项中选择"使对象适合内容"选项，以根据文本长度自动调整按钮的大小，如图4-43所示。

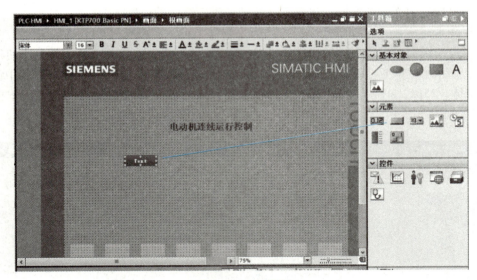

图 4-41　放置按钮

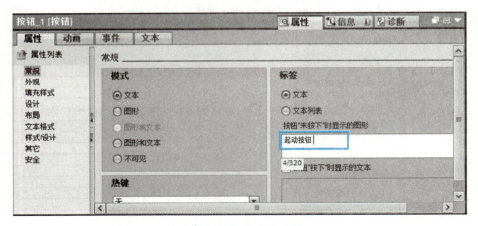

图 4-42　标签文本设置

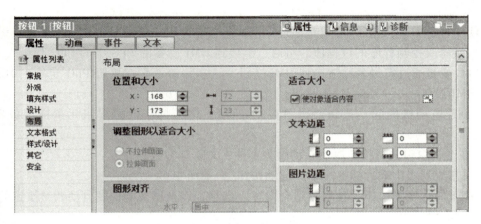

图 4-43　布局选项设置

特别是以后在带有 HMI 画面语言选择的项目中工作时，可以使用该功能。根据所选择的语言，翻译文本可能会短于或长于原始文本。可使用该功能以确保按钮标签不会被截断。当原始文本中的文本大小发生变化时，按钮的大小会自动调整。

③设置起动按钮按下函数，选择编辑位中的"按下按键时置位位"，如图 4-44 所示。

图 4-44　按下按键设置

④ 将按下起动按钮函数与 PLC 变量电动机控制中的起动按钮链接，如图 4-45 所示。选择 PLC 变量中"电机控制"中的起动按钮 %I0.0。

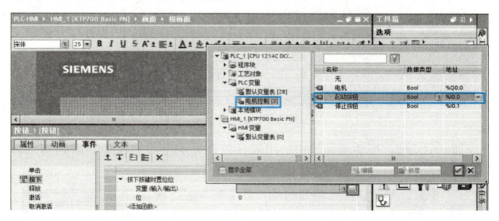

图 4-45　函数与 PLC 变量链接

⑤ 设置按钮释放状态函数，对于按钮控制的动作是按下置位松开复位，所以设置释放时复位，变量依然是起动按钮 %I0.0，如图 4-46 所示。

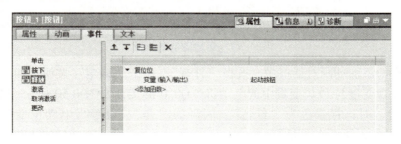

图 4-46　释放函数设置

已经将"起动按钮"与 PLC 变量"起动按钮%I0.0"连接。当用户按下 HMI 设备上的该按钮时，PLC 变量%I0.0 的位值将被设置为"1"；当用户松开该按钮时，PLC 变量的位值将被设置为"0"。

3）创建停止按钮，可以按照起动按钮的过程设置停止按钮，链接 PLC 变量"停止按钮%I0.1"。

3. 创建图形对象"LED"

使用"圆"对象来设置两种状态 LED（红色/绿色）以及如何根据 PLC 变量"电动机"的值使其动态化。

1）选择"圆"对象拖动至画面合适位置，如图 4-47 所示。

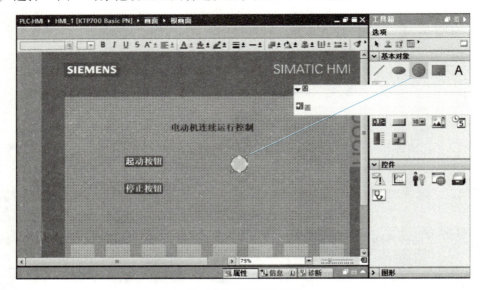

图 4-47　创建圆对象

2）添加显示动画，在动画标签中，用鼠标双击显示中的"添加新动画"，如图 4-48 所示。

图 4-48　添加显示新动画

3）在弹出的添加动画对话框中，选择"外观"，单击"确定"按钮，如图 4-49 所示。

4）建立外观变量与 PLC 变量中的电动机%Q0.0 链接，如图 4-50 所示。设置当电动机变量数值为"0"时，背景色为"红色"，闪烁为"是"。设置当电动机变量数值为"1"时，背景色为绿色，闪烁为"是"。

图4-49　"添加动画"对话框

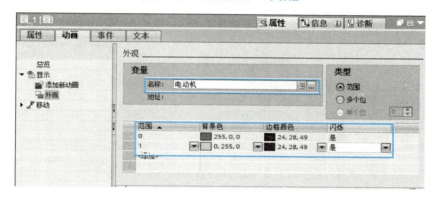

图4-50　外观动画变量设置

4. 添加电动机标签

在圆形上面添加"电动机"标签作为指示说明，如图4-51所示。至此电动机连续运行控制的HMI画面设计完成。

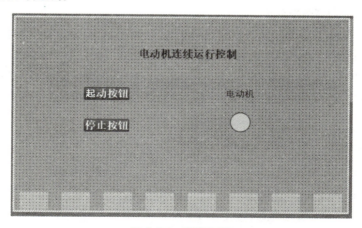

图4-51　HMI画面

5. 编译组态及保存项目

将完成的HMI设备组态及画面进行编译，在项目树中选中设备"KTP700 Basic PN"，单击工具栏中编译图标。最后保存组态项目，在项目树中选中设备"KTP700 Basic PN"，单击工具栏中保存项目图标。

注意：每一次数据或参数的修改后都要进行项目编译和保存。

4.2.4 PLC + HMI 工程项目下载调试

1. HMI 画面项目下载

在 WinCC（TIA 博途）软件中的设置，以第二代精简面板 KTP700 Basic PN 的设置过程为例。

（1）IP 地址设置

1）在项目树的 HMI_1 设备中双击"设备组态"进入设备视图，如图 4-52 所示。

2）选中 KTP700 Basic PN 的以太网口。

3）在巡视窗口的属性中设置以太网地址 IP 地址及子网掩码，并添加新子网。若创建画面时已经建立链接，这里默认即可。

图 4-52 IP 地址设置

注意：IP 地址在网络中必须唯一。

（2）下载项目到 HMI 设备

1）在项目树中选中设备"KTP700 Basic PN"，单击工具栏中的下载图标或单击菜单"在线"→"下载到设备"，如图 4-53 所示。

图 4-53 下载到设备

2）当第一次下载项目到操作面板时，"扩展的下载到设备"对话框会自动弹出，在该对话框中选择协议、接口或项目的目标路径，如图4-54所示。

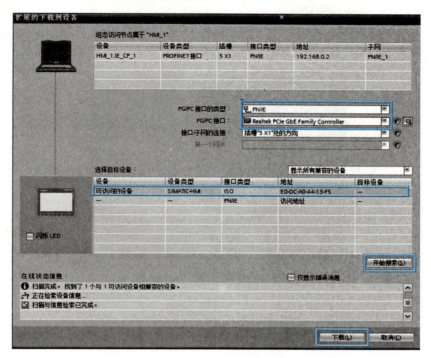

图4-54 "扩展的下载到设备"对话框

对于第二代精简面板KTP700 Basic PN，选择PG/PC接口的类型为"PN/IE"，PG/PC接口为"Realtek PCle GbE Family Controller"（请选择和西门子面板相连的网卡名），选择完成后，单击"开始搜索"按钮，软件将以该接口对项目中所分配的IP地址进行扫描，若参数设置及硬件连接正确，将在数秒钟后扫描结束，此时"下载"按钮被使能，单击该按钮进行项目下载，下载预览窗口将会自动弹出，如图4-55所示。

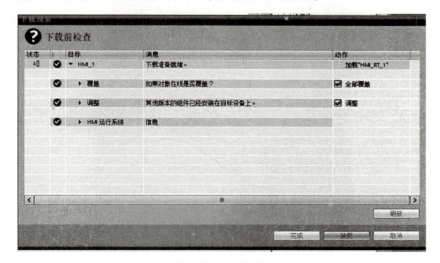

图4-55 下载预览

　　下载之前，软件将会对项目进行编译，只有编译无错后才可进行下载，若发现编译错误，应将错误排除后再次进行下载操作。可选择是否覆盖 HMI 设备的现有用户管理数据及配方数据，然后单击"装载"按钮来完成操作面板的项目下载。

　　当博途软件下载操作面板的项目时，在 HMI 设备上选择"Transfer"，通过"PROFI-NET"进行通信下载项目，如图 4-56 所示。

图 4-56　HMI 设备下载画面

下载完成后，触摸屏 HMI 设备上会显示项目画面。

2. PLC + HMI 项目调试

PLC + HMI 电动机连续控制项目调试步骤如下：

1）将电动机连续控制 PLC 程序下载到 S7-1200 设备中并使其运行。

2）将 HMI 项目画面程序下载到第二代精简系列面板 KTP700 Basic PN 设备上。

3）S7-1200 PLC 设备与第二代精简系列面板 KTP700 Basic PN 设备通过 PROFINET 网络连接。

4）按照控制动作进行调试，如图 4-57 所示。

图 4-57　HMI 调试画面

　　在初始状态下，电动机状态为红色且 LED 灯不断闪烁。

　　按下 KTP700 Basic PN 设备上的起动按钮，起动电动机程序后电动机%Q0.0 运行，则电动机状态变为绿色及 LED 灯不断闪烁。

　　按下 KTP700 Basic PN 设备上的停止按钮，电动机%Q0.0 停止，则电动机状态变为红色且 LED 灯不断闪烁。

➤ 思考与练习

　　1. 简述 WinCC 软件的应用情况。

　　2. 图形对象的作用是什么？

　　3. 在博途软件 WinCC 中面向 HMI 设备的常用图形对象有哪些？

　　4. 上网查阅有关自动控制工程中的 HMI 设备应用。

　　5. 完成电动机控制多个画面的设计。

模块5

PLC综合控制应用

本模块以电工国家职业技能标准要求技师和高级技师掌握的 PLC 技术的知识点和技能点为主，主要使学生通过 8 位抢答器控制、G120 变频器、步进电动机运动控制项目调试等任务，对 PLC 技术进行综合应用与学习。

5.1 8 位抢答器控制

➤ **学习要点**

知识点：
⊙ 掌握 8 位抢答器的工作原理。
⊙ 掌握 LED 数码管的工作原理。
⊙ 掌握梯形图程序设计方法。

技能点：
⊙ 会用 S7-1200 PLC 进行 8 位抢答器控制硬件的接线。
⊙ 会用 S7-1200 PLC 进行 8 位抢答器控制梯形图程序的编制。
⊙ 会进行 8 位抢答器控制运行调试。

➤ **任务学习**

5.1.1 8 位抢答器控制说明

抢答器是用于比赛时与对手比反应时间，思维运转快慢的控制设备。随着科学技术的不断进步，其应用场合也越来越多。目前，形式多样、功能完备的抢答器已广泛应用于电视台、商业机构及学校，它为各种竞赛增添了刺激性和娱乐性，在一定程度上丰富了人们的文化生活。

本节在模拟设备上实现 8 位抢答器控制，控制面板如图 5-1 所示。

该实训任务面板由 8 个按钮和 1 个 LED 数码管显示模块组成。

1. 8 位抢答器的控制要求

1）设备可同时供 8 名选手（或代表队）参赛，其编

图 5-1 抢答器控制面板

号分别是1~8，每个选手有一个抢答按钮，按钮的编号与选手的编号相对应，需要抢答时按下按钮。

2）给节目主持人设置一个控制开关，开关断开时控制系统清零（编号显示数码管灭灯），开关闭合时抢答开始。

3）该抢答器具有数据锁存和显示功能。抢答开始后，若有选手按下抢答按钮，其编号立即被锁存，并在LED数码管上显示该选手的编号。此外，还要封锁输入电路，禁止其他选手抢答。优先抢答选手的编号一直保持到主持人将系统清零为止。

2. LED 数码管工作原理

LED数码管是由多个发光二极管封装在一起组成"8"字形的器件，其连接引线已在内部连接完成，只需引出它们的各个笔画和公共电极端即可。数码管实际上是由7个发光二极管组成8字形结构，加上一个发光二极管形成"小数点"。这些笔画分别由字母A~G和DP来表示，如图5-2所示。

当数码管特定段加上电压后，这些特定段就会发亮，便形成了我们可以看到的字样了。若要显示数字"2"，那么应当是A、B、G、E、D亮，F、C、DP不亮。LED数码管有一般亮和超亮等不同之分，也有0.5in、1in等不同的尺寸。小尺寸数码管的显示笔画常由一个发光二极管组成，而大尺寸的数码管由两个或多个发光二极管组成。一般情况下，单个发光二极管的管压降为1.8V左右，电流不超过30mA。发光二极管的阳极连接到一起后再连接到电源正极时称为共阳极数码管，发光二极管的阴极连接到一起后再连接到电源负极时称为共阴极数码管。

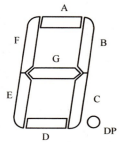

图5-2　LED数码管引脚定义

常用LED数码管显示的数字和字符对应段的状态见表5-1。

表5-1　LED数码管显示段状态

显示数字	显示工作段						
	A	B	C	D	E	F	G
0	1	1	1	1	1	1	0
1	0	1	1	0	0	0	0
2	1	1	0	1	1	0	1
3	1	1	1	1	0	0	1
4	0	1	1	0	0	1	1
5	1	0	1	1	0	1	1
6	1	0	1	1	1	1	1
7	1	1	1	0	0	0	0
8	1	1	1	1	1	1	1
9	1	1	1	1	0	1	1
A	1	1	1	0	1	1	1
b	0	0	1	1	1	1	1
C	1	0	0	1	1	1	0
d	0	1	1	1	1	0	1
E	1	0	0	1	1	1	1
F	1	0	0	0	1	1	1

> **任务实施**

5.1.2　应用 PLC 实现 8 位抢答器控制

1. I/O 地址分配

根据前面的 8 位抢答器控制要求分析，I/O 地址分配见表 5-2。

表 5-2　I/O 地址分配

输　入			输　出		
输入元件	输入接口	功　能	输出元件	输出接口	功　能
S	%I0.0	主持人开关	G	%Q0.0	数码管 G 段
SB1	%I0.1	1 号	F	%Q0.1	数码管 F 段
SB2	%I0.2	2 号	E	%Q0.2	数码管 E 段
SB3	%I0.3	3 号	D	%Q0.3	数码管 D 段
SB4	%I0.4	4 号	C	%Q0.4	数码管 C 段
SB5	%I0.5	5 号	B	%Q0.5	数码管 B 段
SB6	%I0.6	6 号	A	%Q0.6	数码管 A 段
SB7	%I0.7	7 号			
SB8	%I1.0	8 号			

2. 硬件接线

PLC 控制实现 8 位抢答器控制的 I/O 接线，如图 5-3 所示。

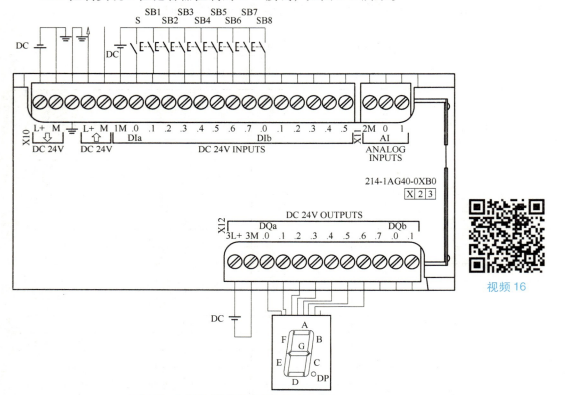

视频 16

图 5-3　8 位抢答器 PLC 控制 I/O 接线

按照 I/O 接线图进行硬件接线。

3. 软件程序设计

根据前面对 8 位抢答器的动作控制要求，创建抢答器控制项目工程，PLC 变量表如图 5-4 所示。

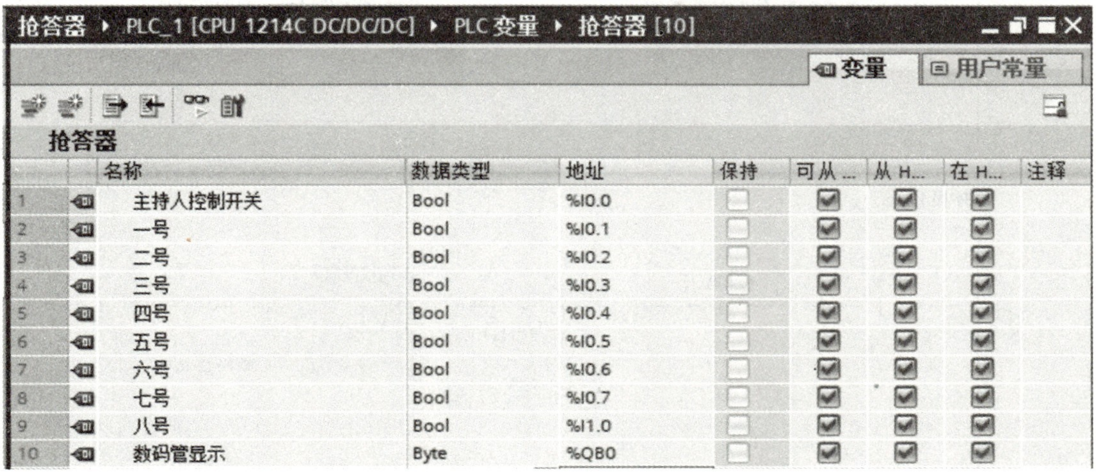
抢答器 ▸ PLC_1 [CPU 1214C DC/DC/DC] ▸ PLC 变量 ▸ 抢答器 [10]

变量　用户常量

抢答器

	名称	数据类型	地址	保持	可从 ...	从 H...	在 H...	注释
1	主持人控制开关	Bool	%I0.0	☐	☑	☑	☑	
2	一号	Bool	%I0.1	☐	☑	☑	☑	
3	二号	Bool	%I0.2	☐	☑	☑	☑	
4	三号	Bool	%I0.3	☐	☑	☑	☑	
5	四号	Bool	%I0.4	☐	☑	☑	☑	
6	五号	Bool	%I0.5	☐	☑	☑	☑	
7	六号	Bool	%I0.6	☐	☑	☑	☑	
8	七号	Bool	%I0.7	☐	☑	☑	☑	
9	八号	Bool	%I1.0	☐	☑	☑	☑	
10	数码管显示	Byte	%QB0	☐	☑	☑	☑	

图 5-4　抢答器 PLC 变量表

（1）选手抢答程序　若一号选手抢答题目，该选手按下一号按钮，会将数字“1”显示在数码管上，即传送“2#0110000”给%QB0，并且将锁存抢答状态的%M0.0 置位，使其他选手按钮不能再抢答，控制参考程序如图 5-5 所示。

程序段 1：

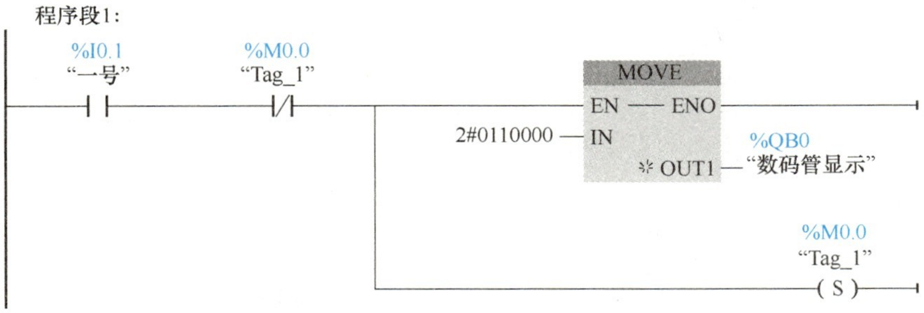

图 5-5　一号抢答控制参考程序

若其他选手抢答到答题资格，其控制程序与一号选手的控制程序是相同的，只不过控制信号不同，传送给数码管的数值不同。其他选手控制程序如图 5-6 所示。

（2）主持人控制程序　抢答开始后，主持人将控制开关断开后，数码管可以显示抢答的选手号码并锁存相应号码。抢答结束后，主持人控制开关闭合后数码管显示熄灭，锁存控制%M0.0 复位，参考程序如图 5-7 所示。

程序段2：

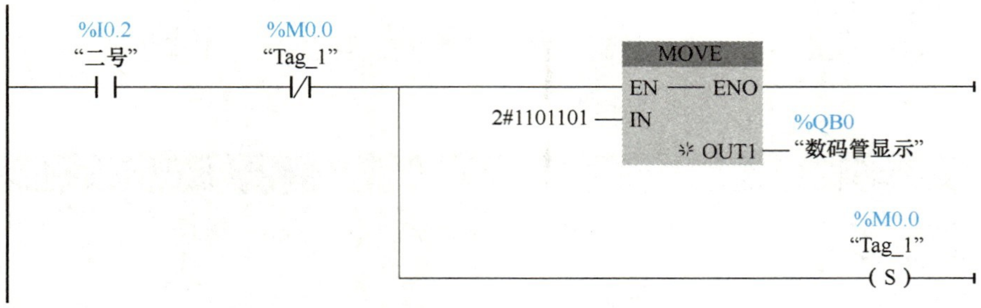

```
      %I0.2          %M0.0                    ┌─────────────┐
      "二号"         "Tag_1"                  │    MOVE      │
───────┤ ├───────────┤/├──────────────┬───────┤ EN      ENO ├──────────────
                                      │       │             │
                        2#1101101 ─────┤ IN          %QB0
                                           ✳ OUT1 ── "数码管显示"
                                      │
                                      │                    %M0.0
                                      │                    "Tag_1"
                                      └──────────────────────( S )──────────
```

程序段3：

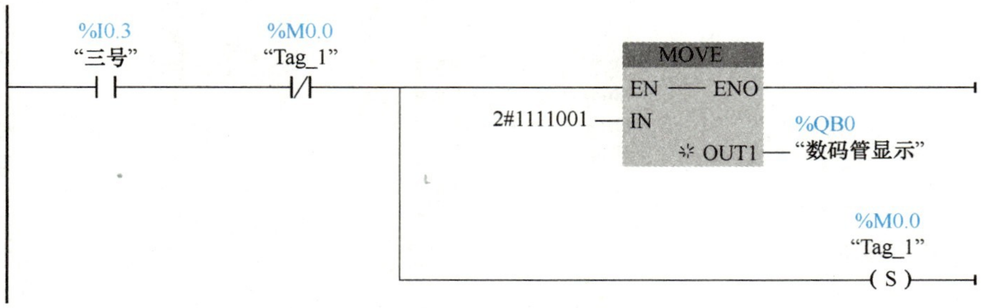

```
      %I0.3          %M0.0                    ┌─────────────┐
      "三号"         "Tag_1"                  │    MOVE      │
───────┤ ├───────────┤/├──────────────┬───────┤ EN      ENO ├──────────────
                                      │       │             │
                        2#1111001 ─────┤ IN          %QB0
                                           ✳ OUT1 ── "数码管显示"
                                      │
                                      │                    %M0.0
                                      │                    "Tag_1"
                                      └──────────────────────( S )──────────
```

程序段4：

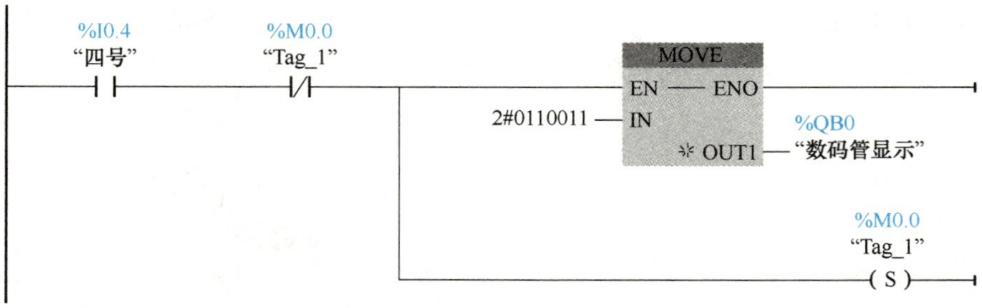

```
      %I0.4          %M0.0                    ┌─────────────┐
      "四号"         "Tag_1"                  │    MOVE      │
───────┤ ├───────────┤/├──────────────┬───────┤ EN      ENO ├──────────────
                                      │       │             │
                        2#0110011 ─────┤ IN          %QB0
                                           ✳ OUT1 ── "数码管显示"
                                      │
                                      │                    %M0.0
                                      │                    "Tag_1"
                                      └──────────────────────( S )──────────
```

程序段5：

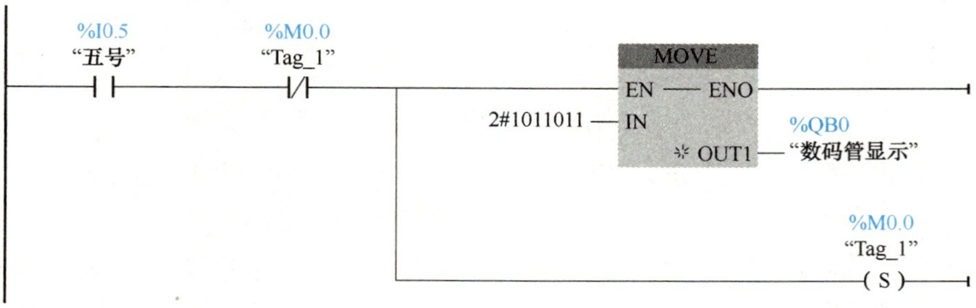

```
      %I0.5          %M0.0                    ┌─────────────┐
      "五号"         "Tag_1"                  │    MOVE      │
───────┤ ├───────────┤/├──────────────┬───────┤ EN      ENO ├──────────────
                                      │       │             │
                        2#1011011 ─────┤ IN          %QB0
                                           ✳ OUT1 ── "数码管显示"
                                      │
                                      │                    %M0.0
                                      │                    "Tag_1"
                                      └──────────────────────( S )──────────
```

图 5-6   其他各组抢答参考程序

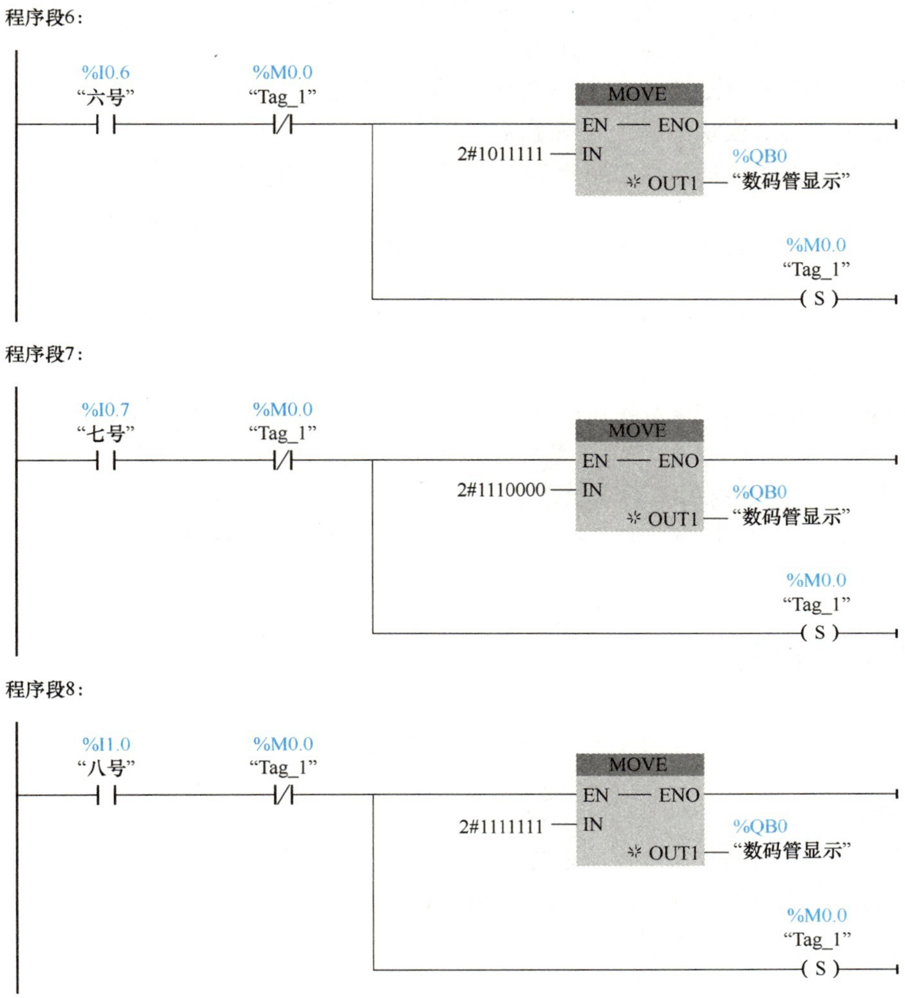

程序段6：

程序段7：

程序段8：

图 5-6　其他各组抢答参考程序（续）

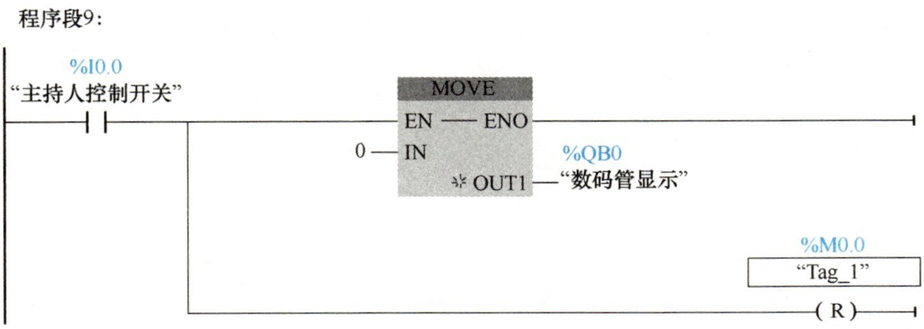

程序段9：

图 5-7　主持人控制参考程序

4. 运行调试

按照 8 位抢答器控制要求进行硬件检查、软件程序编辑和控制动作调试。

1）按照控制要求和所确定的 I/O 分配接线。

163

2）按照控制要求和所确定的 I/O 分配编写 PLC 应用程序。

3）完成 PLC 与实验模块的外部电路连接，然后通电运行。

①将 PLC 接通电源，向 PLC 写入程序，然后使其运行。

②接通模拟实训模块电源，观察系统有无异常。

③按照控制要求中的步骤进行试验，观察是否符合控制要求，若不符合，应调试程序直至满足要求为止。

④观察数码管的点亮和熄灭情况是否符合控制程序。

> ## 思考与练习

1. 简述 LED 数码管的工作原理。

2. 设计 8 位抢答器。除抢答功能外，抢答器还应具有延时提醒控制功能，如主持人宣布开始抢答后，10s 内无人抢答，则数码管显示 0，提醒蜂鸣器响，抢答作废。主持人清除本次抢答后开始下一轮抢答。若某位选手抢答到，则数码管显示其选手号码，其他选手再抢答无效，并且开始答题时间计时，答题计时 15s 后，提醒蜂鸣器响提示答题时间到，结束答题。

5.2 变频器控制

> ## 学习要点

知识点：

⊙ 了解西门子自动化集成驱动系统。

⊙ 掌握 SINAMICS G120 变频器的原理和构成。

⊙ 掌握 SINAMICS G120 报文控制参数。

技能点：

⊙ 会进行 SINAMICS G120 变频器的安装接线及调试。

⊙ 会用博途 V15 软件进行 SINAMICS G120 变频器快速调试。

⊙ 会用 S7-1200 PLC 与 SINAMICS G120 变频器进行控制程序编制。

⊙ 会进行 PLC + G120 的通信运行及调试。

> ## 知识学习

5.2.1 西门子自动化集成驱动系统简介

如图 5-8 所示，集成驱动系统 SINAMICS 是西门子对当今驱动与自动化技术所面临的极度复杂性挑战而给出的一种指导性解答方案，是一款面向整套驱动系统的全面解决方案。该解决方案从横向集成、纵向集成、生命周期集成三个方面进行集成，这种集成方案确保了每个驱动组件都能无缝集成到各个驱动系统、各类自动化环境，甚至设备的整个生命周期之中。

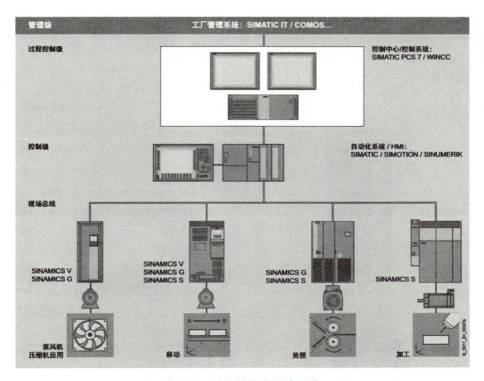

图5-8　西门子集成驱动系统

1. 横向集成

一套完整集成的驱动系统的核心组件包括变频器、电动机、联轴器和齿轮箱。针对所有功率级别，集成驱动系统能够提供标准解决方案或根据要求量身定制个性化解决方案。

2. 纵向集成

凭借纵向集成，驱动链可无缝集成至整个自动化环境中，这是生产最大化增值的重要前提。集成驱动系统作为全集成自动化（TIA）的组成部分，从现场级到制造执行系统都完美集成至整个工业加工过程的系统架构中。这实现了通信和控制的最高自动化程度以及最优化的过程。

3. 生命周期集成

生命周期集成还加入了时间因素：借助面向集成驱动系统各个生命周期阶段（从规划到设计、配置、运行、维护和升级改造）的软件和服务，大力提升优化潜力，包括最高生产率、增效以及最高可用性。

集成驱动系统是西门子"全集成自动化（TIA）"的组成部分，在组态、数据管理以及与上层自动化系统通信等方面的集成性，可确保其与 SIMATIC、SIMOTION 和 SINUMERIK 控制系统组合使用时成本低廉。可根据使用目的选择最适合的变频器，并将其集成至自动化方案中。变频器也相应地依据用途明确划分为不同类别。根据变频器的类型，提供多种不同的通信方式实现与自动化系统的连接。

完整的运动控制解决方案，凭借 SINAMICS G120C 和 SIMATIC，西门子可为通用运动控制提供一站式解决方案。SINAMICS 驱动和 SIMATIC 控制器的完美协作和配合，构成了一套高效的运动控制系统。

图 5-9 所示为 SINAMICS G 系列在转速控制方面的应示例。该系统配备了一台 G120C、一台 S7-1200 和一台 HMI，采用 PROFINET/PROFIBUS DP 通信，集成了由端子控制的安全功能，由 TIA Portal 进行配置。

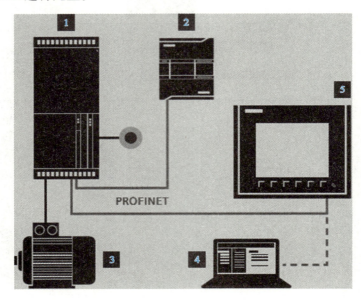

图 5-9　转速控制应用示例

1—SINAMICS G120C PN/G120C DP　2—SIMATIC S7-1200 CPU 121xC
3—SIMOTICS 1LE 标准电动机　4—博途软件 TIA Portal（PG/PC）
5—人机界面 SIMATIC HMI KTP600 基本面板

PROFINET 适用的配置通过以太网/IP 上传到驱动；PROFIBUS 适用的配置通过 USB 上传到驱动。功能块的用途：使用控制字来控制驱动并定义转速设定值；读取驱动状态字和转速实际值、电流实际值、转矩实际值和故障/报警号；读/写驱动参数，比如驱动斜坡上升时间和下降时间，读取故障缓存。

TIA Portal 贯穿了自动化和数字化的全过程，从数字化规划阶段之初到一体的工程组态再到透明的运行过程。TIA Portal 还可用于将 SINAMICS G120C 系列集成到自动化环境中以及驱动的调试。

5.2.2　SINAMICS G120 变频器简介

SINAMICS G120 是一款结构紧凑、功率密度高和功能丰富的变频器。这款变频器能够满足大量应用需求，尤其适用于一些对转矩和转速控制精度要求较高的连续运动控制。

SINAMICS G120 系列变频器可为交流电动机提供经济的高精度速度/转矩控制。按照尺寸的不同，其功率范围为 0.37 ~ 250kW，可广泛适用于变频驱动的应用场合。SINAMICS G120 的外形如图 5-10 所示。

图 5-10　SINAMICS G120 的外形

SINAMICS G120 是由多种不同功能单元（功率模块 PM、控制单元 CU、操作面板等）组成的模块化变频器，如图 5-11 所示。另外，它凭借丰富的可选部件，能以最佳方式按照特定应用要求对变频器进行组态。

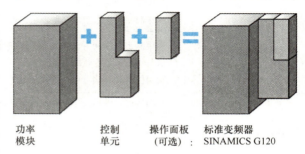

图 5-11　标准 SINAMICS G120 变频器的组成

1. 选择功率模块（PM）

功率模块可以驱动电动机的功率范围为 0.37～250kW。功率模块由控制单元里的微处理器进行控制。高性能的 IGBT 及电动机电压脉宽调制技术和可选择的脉宽调制频率的采用，使得电动机的运行极为灵活可靠。

根据所需电动机功率、供电电压以及制动周期，即可快速选择最佳功率模块。

1）PM230 功率模块：防护等级 IP55/IP20 适用于泵、风机和压缩机等，具有二次方特性，不能连接制动电阻。

2）PM240/PM240-2 功率模块：防护等级 IP20 适用于许多场合，带有内置的制动单元，只要连接一个制动电阻就可以实现制动功能。

3）PM250 功率模块：防护等级 IP20 特别适用于输送应用（制动能量直接反馈至电网）。

多方面的保护功能可以为功率模块和电动机提供更高一级的保护。

2. 选择控制单元（CU）

控制单元可以通过不同的方式对功率模块和所连接的电动机进行控制和监控。它支持与本地或中央控制的通信并且支持通过监控设备和输入/输出端子进行直接控制。

根据 I/O 数量以及所需的功能（如安全集成），或者特殊的泵、风机和压缩机功能，来选择最佳的控制单元。

1）CU230P-2 控制单元：专门设计用于集成泵、风机和压缩机特殊工艺功能的驱动。其配备的 I/O 接口、现场总线接口和附加软件功能能够对这些应用提供最有力的支持。

2）CU240B-2/CU240E-2 标准型控制单元：适用于常规机械制造等，如混合机和搅拌机，其设计针对采用 U/f 控制或矢量控制的常规应用。

3）CU250S-2 控制单元：适用于要求苛刻的场合，如挤出机和离心机。通过控制单元 CU250S-2 可实现采用 *U/f* 控制或矢量控制的所有常规应用以及对驱动有定位要求的应用。该扩展确保了提升、旋转、进给或车削应用中的使用。定位功能可以与伺服变频器 SINAMICS S110 相媲美。

3. 选择可选部件（BOP/IOP）

可以使用基本操作面板 BOP-2 或智能操作面板 IOP-2 以及 SD 卡进行参数复制，其优化的参数组、优化的调试过程、集成的 USB 端口，配置简单。IOP（智能操作面板）和 BOP-2（基本操作面板）的比较见表 5-3。

表 5-3　IOP（智能操作面板）和 BOP-2（基本操作面板）的比较

操作面板	IOP（智能操作面板）	BOP-2（基本操作面板）
无需专业知识即可快速调试	利用克隆功能进行系列调试 操作简便的参数清单，用户可选择参数数量	同时显示参数和参数值，提供直观的预览
	利用基于应用向导，即可简便地对标准应用进行调试，无需具备专业的参数知识 利用便携式终端，可执行简便的现场调试	
操作高度简便、直观	变频器可以手动操作，并可以简便地在自动和手动模式中来回切换	
	图形化显示状态值，如以条形图来显示压力和流量	2 行显示，可显示多达 2 个带有文本的过程值
	可自由选择单位的状态显示，以指定物理值	预定义单位的状态显示
将等待时间降至最低	带用提示诊断，现场无须使用任何文档	7 段显示屏，可提供菜单提示式诊断
	通过 USB 接口，可方便地对语言、向导和固件进行更新	
使用灵活	可以直接安装在控制单元上、门上或者手持终端上（取决于变频器类型）	可以直接安装在控制单元上或者安装在门上（取决于变频器类型）

➤ 任务实施

5.2.3　SINAMICS G120 变频器的安装

安装 SINAMICS G120 变频器的检查工作包括：检查所需的变频器组件是否齐全，如功率模块、控制单元、附件（电源电抗器或制动电阻）等；检查安装所需的组件、工具和零部件是否齐全；检查电缆和线路的敷设是否规范，以及是否符合所有最小间隙要求等。

1. SINAMICS G120 功率模块的安装及接线

（1）功率模块的安装　功率模块的正确安装需要按以下方式进行：

1）将功率模块安装在控制柜中。

2）功率模块应垂直安装，且使电源和电动机端子朝下，如图 5-12 所示。

功率模块的安装尺寸和间距如图 5-13 所示。

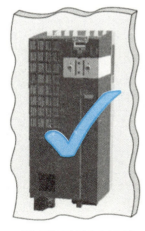

a) 重直安装且电源端子在下方

b) 错误安装方式

图 5-12　功率模块的安装

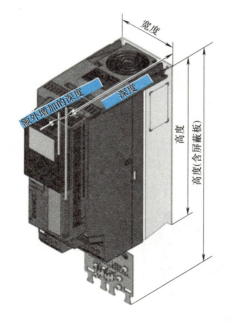

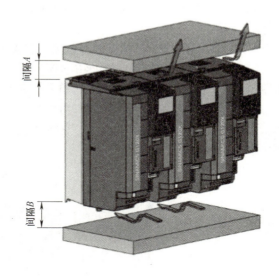

图 5-13　安装间距

（2）功率模块的接线　通常情况下，在使用变频器时，应使其与电动机相匹配，电动机铭牌上的数据对于变频器的初始调试非常重要。根据使用环境不同，变频器与电动机之间连接电缆的长度也有所不同。工业电气网络可以使用最大长度为 100m 的非屏蔽电缆。

① 变频器与电动机接线时，应将连接电动机的相线以及接地导线分别连接到变频器 SINAMICS G120 的端子 U2、V2、W2 和 PE。

② 进行电源接线时，应将电源各相线及接地导线分别连接到插拔式接线端子 L1、L2、L3 和 PE 上，如图 5-14 所示。

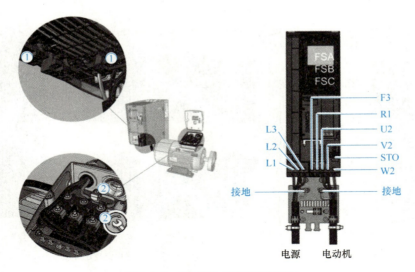

图 5-14　电动机与变频器的接线

注意：功率模块接线时必须严格遵守 5 条安全守则：一是断开电源；二是采取措施，防止电源意外起动；三是确认断电；四是接地和旁路设置；五是遮盖并屏蔽附近所有的带电零件。

2. SINAMICS G120 控制单元的安装及接线

（1）控制单元的安装　每个功率模块都有一个配套的控制单元支架和一个解锁装置，如图 5-15 所示。按如下步骤将控制单元插入到功率模块中：

① 将控制单元的两个套钩装入功率模块上对应的槽中。

② 将控制单元插入功率模块，直到听到卡扣卡紧的声音，即表明已经将控制单元插入到功率模块中。

图 5-15　控制单元的安装

注意：取下控制单元上的按压解锁装置，可以从功率模块上取出控制单元。

（2）控制单元的接线　打开控制单元的外盖，就可以看到控制单元的各种接口，如图 5-16 所示。

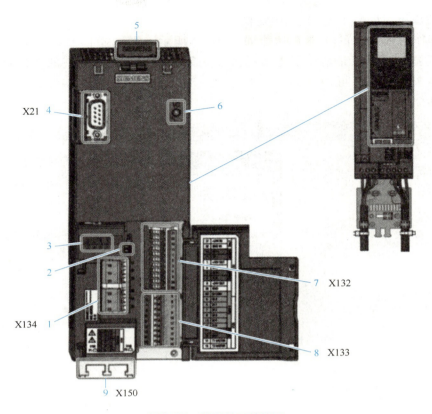

图 5-16　控制单元的接口

1、7、8—端子排　2—AI0 和 AI1（U/I）的开关　3—状态 LED
4—操作面板或智能连接模块的接口　5—存储卡插槽　6—预留使用　9—底部现场总线接口

控制单元底部 PROFINET 的接口如图 5-17 所示。

通过两个 PROFINET 接口 X150-P1 和 X150-P2 将带有 PROFINET 电缆的变频器接入控制系统的总线系统，如图 5-18 所示。通过 PROFINET IO 模式和以太网通信，可以将变频器接入 PROFINET 网络或通过以太网与变频器进行通信。

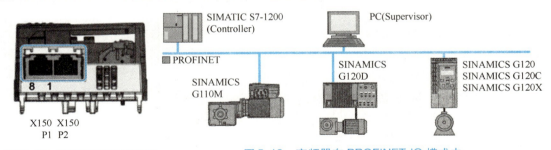

图 5-17　PROFINET 的接口

1—RX +（接收数据 +）
2—RX −（接收数据 −）
3—TX +（发射数据 +）
　4、5、7、8—悬空
6—TX −（发射数据 −）

图 5-18　变频器在 PROFINET IO 模式中

3. 操作面板（BOP-2 或 IOP）的安装

智能操作面板 IOP 的外形及功能如图 5-19 所示。智能操作面板与基本操作面板 BOP-2 的功能相同，只是增加了更多的选项。集成应用向导、完整的图形化诊断概览以及纯文本大幅增加了可用性，可提供各种版本，并且可在变频器外部进行批量调试和现场诊断。

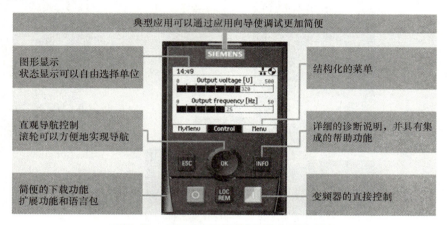

图 5-19　智能操作面板 IOP 的外形及功能

智能操作面板 IOP 的安装步骤如下：

1）向上提起 RS232 连接盖并滑向一侧，然后将其取下。

2）将面板底部边缘放入变频器外壳的下凹槽内。

3）朝变频器方向用力推面板，直至卡扣卡紧到位为止。

5.2.4　S7-1200 与 SINAMICS G120 变频器网络通信控制应用

在 S7-1200 与 SINAMICS G120 变频器所构建的 PROFINET 网络中，本任务通过网络由 S7-1200 PLC 进行 SINAMICS G120 变频器的调试及运行控制。

1. PLC 与变频器控制硬件接线

1）如前面 SINAMICS G120 变频器进行主电路的连接，连接 SINAMICS G120 与交流电动机，连接 SINAMICS G120 电源。

2）通过工业控制网络交换机将 S7-1200、SINAMICS G120 变频器、编程 PC 连接至一个网络中，如图 5-20 所示。

3）按照控制动作进行 PLC 的 I/O 接线，如图 5-21 所示。

S7-1200 对 SINAMICS G120 变频器所进行的控制，由停止按钮 SB1、正转按钮 SB2、反转按钮 SB3 完成。

图 5-20　网络连接

2. 使用 TIA Portal 快速调试 SINAMICS G120 变频器

完成 SINAMICS G120 变频器的硬件安装及接线，并且利用工业交换机将 SINAMICS G120 变频器、S7-1200 PLC、装有博途 V15 软件的 PC 连接到一个网络中后，通过博途软件进行 SINAMICS G120 变频器调试，按照以下操作步骤进行控制应用。

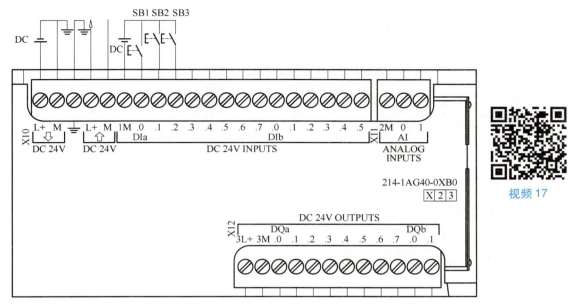

图 5-21　PLC I/O 接线

（1）创建项目　创建一个 PLC + G120 项目，并在设备组态添加 S7-1200 PLC，如图 5-22 所示。

图 5-22　创建 PLC + G120 工程

1）打开博途 V15 编程软件，单击创建新项目，输入项目名称 "PLC + G120"，单击 "创建" 按钮。

2）打开项目视图，单击 "添加新设备"，弹出 "添加新设备" 对话框。

3）在设备树中选择 "S7-1200"→"CPU"→"CPU 1214 DC/DC/DC"→"6ES7 214-1AG40-0XB0"，选择 CPU 版本号，单击 "添加" 按钮。

（2）在项目中添加 SINAMICS G120 站

1）单击 "设备和网络" 进入网络视图页面。

2）将硬件目录中"其他现场设备"→"PROFINET IO"→"Drives"→"Siemens AG"→"SINAMICS"→"SINAMICS G120 CU250S-2 PN Vector V4.7"模块拖动到网络视图空白处，如图 5-23 所示。

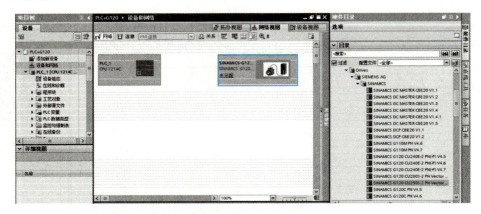

图 5-23　添加 SINAMICS G120 站

3）单击蓝色提示"未分配"以插入站点，选择主站 PLC_1. PROFINET 接口，完成与 IO 控制器网络的连接，如图 5-24 所示。

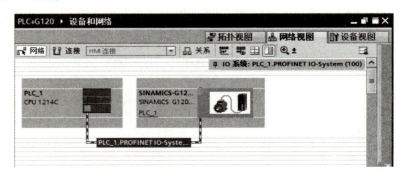

图 5-24　连接主站 PLC_1 网络

（3）组态 SINAMICS G120 的报文　给 SINAMICS G120 变频器组态标准报文 1，用于网络通信时数据传输，如图 5-25 所示。

图 5-25　组态 SINAMICS G120 的报文

1）双击 SINAMICS G120 设备，打开"设备概览"对话框。

2）将硬件目录中子模块→"标准报文 1, PZD-2/2"拖动到"设备概览"视图的插槽中，系统自动分配了输入和输出地址。本示例中分配的输入地址为 IW68…71，输出地址为 QW64…67，如图 5-26 所示。

设备概览							
	模块	…	机架	插槽	I 地址	Q 地址	类型	订货号
	▼ SINAMICS-G120SV-PN		0	0			SINAMICS G120 CU…	6SL3 246-0BA22-…
	▶ PN-IO		0	0 X150			SINAMICS-G120SV-…	
	DO 矢量_1		0	1			DO 矢量	
	模块访问点		0	1 1			模块访问点	
			0	1 2				
	标准报文 1, PZD-2/2		0	1 3	68…71	64…67	标准报文 1, PZD-2/2	
			0	1 4				

图 5-26　标准报文 1

3）编译项目。

（4）给 SINAMICS G120 分配设备名称

1）在"设备和网络"对话框中，选中"PLC_1 与 G120"网络连接，单击鼠标右键，选择"分配设备名称"，如图 5-27 所示。

图 5-27　给 SINAMICS G120 分配设备名称

2）在弹出的"分配 PROFINET 设备名称"对话框中，选择设备名称"sinamics-g120sv-pn"，在线访问中的 PG/PC 接口的类型选择"PN/IE"，接口选择 PC 所使用的网口，单击"更新列表"按钮，如图 5-28 所示。

3）更新列表后，PROFINET 设备名称选择 SINAMICS G120 设备及类型，设备过滤器选择"仅显示同一类型的设备"，选择找到网络中的 SINAMICS G120 后，单击"分配名称"按钮。

4）分配完名称后，单击"关闭"按钮。

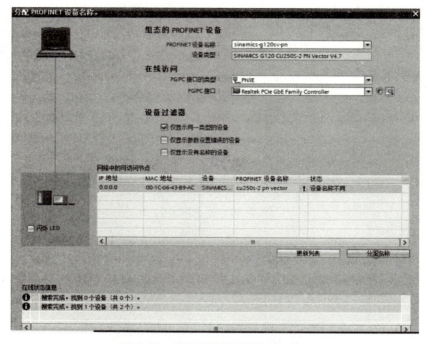

图 5-28　分配 PROFINET 设备名称

（5）SINAMICS G120 设备在线分配 IP 地址

1）在项目树中，打开"在线访问"，找到所使用的网卡并打开，双击"更新可访问的设备"，如图 5-29 所示。

2）更新完成后将找到的设备显示出来，打开 SINAMICS G120，双击"在线并诊断"，如图 5-30 所示。

图 5-29　更新可访问的设备

图 5-30　在线并诊断

3）在打开的"在线访问"对话框中，选择功能中的"分配 IP 地址"，并在 IP 地址栏中添入"192.168.0.2"，子网掩码"255.255.255.0"，单击"分配 IP 地址"按钮，如图 5-31 所示。

注意：IP 地址应于 S7-1200 和 PC 在一个通信网段内，并且 IP 地址不能冲突。

（6）使用调试向导进行参数设置

1）在"在线访问"对话框中双击"调试"，打开调试对话框，如图 5-32 所示。

图 5-31 分配 IP 地址

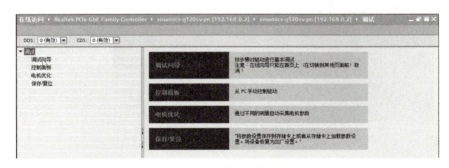

图 5-32 调试对话框

2）根据"调试向导"对话框的指示，按步骤对驱动进行快速调试，如图 5-33 所示。

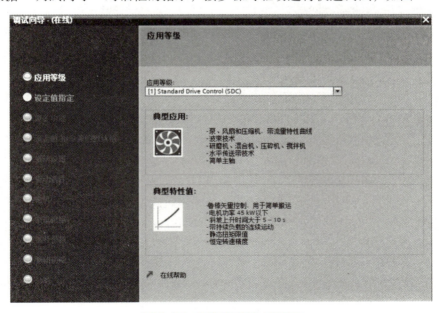

图 5-33 "调试向导"对话框

3）调试向导中分多个参数设定画面，用户可以根据所连接的电动机工作情况进行设置，设置完一个项目就单击"下一页"按钮，进行下一个参数的设置。

其中，设定值指定如图 5-34 所示。

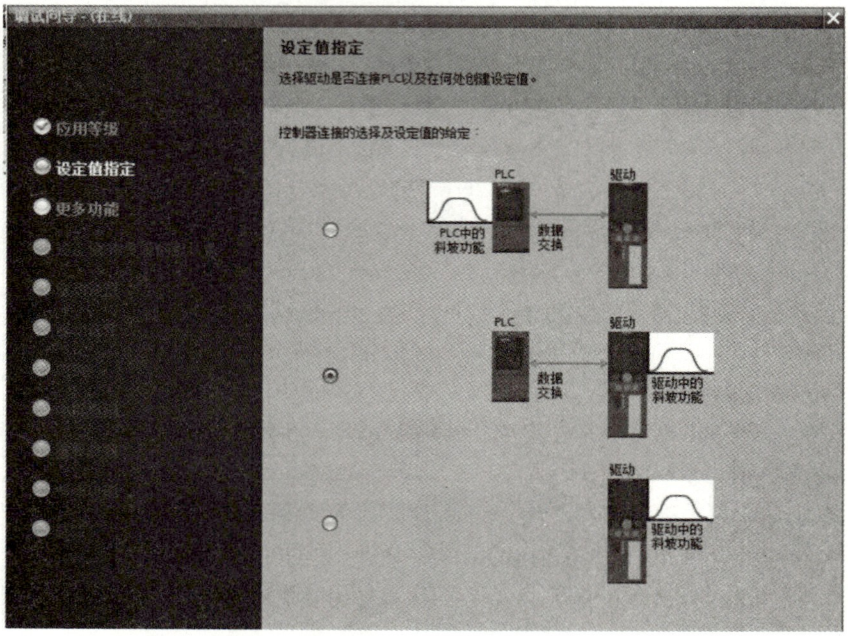

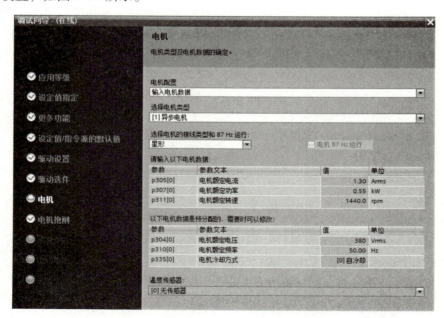

图 5-34 设定值指定

在这个任务中，默认的参数可以直接单击"下一页"按钮，每个项目都需要对电动机参数进行设置，如图 5-35 所示。

图 5-35 电动机参数设置

参数设置完成后，在总结画面进行检查后，单击"完成"按钮，如图5-36所示。

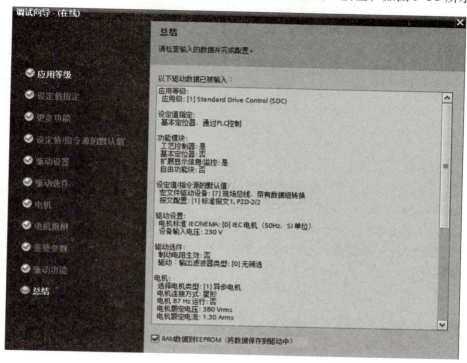

图5-36　总结

等待博途软件进行自动计算全部参数。完成基本调试后，将数据保存到驱动中。

（7）使用控制面板进行调试　调试向导将控制数据都保存到SINAMICS G120变频器中后，用户可以利用控制面板进行动作调试，测试电动机动作情况，如图5-37所示。

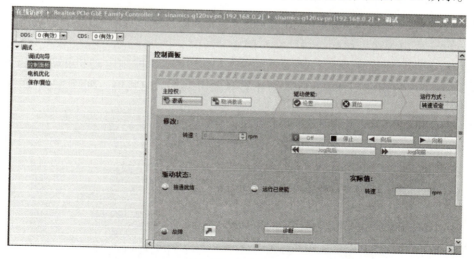

图5-37　控制面板

1）在控制面板中激活主控制权，单击"激活"，弹出"激活主控权"对话框，然后单击"应用"按钮，如图5-38所示。

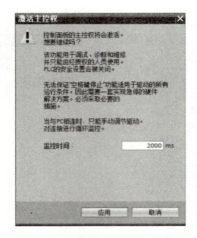

图 5-38　"激活主控权"对话框

主控权激活后控制面板的状态如图 5-39 所示。

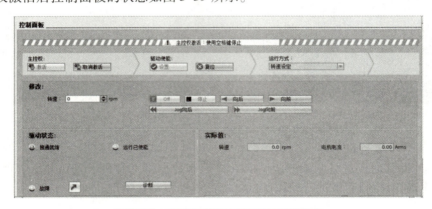

图 5-39　主控权激活后控制面板的状态

2）在转速栏填入所需要的运行转速，例如"200"。

3）按下"向前"或"向后"键，这时 SINAMICS G120 控制电动机正转或反转，在驱动状态中会显示运行情况，在实际值中显示转速及电动机的电流值，如图 5-40 所示。

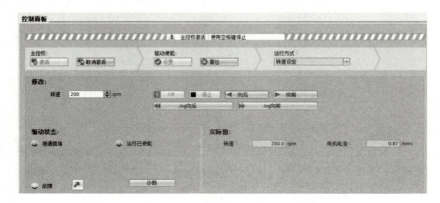

图 5-40　运行状态显示

4）调试完成后，单击"取消激活"按钮，将控制权交给 PLC，如图 5-41 所示。

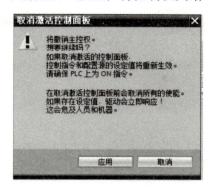

图 5-41　取消激活控制面板

3. S7-1200 程序控制 SINAMICS G120 变频器动作

1）添加变量表，如图 5-42 所示。

		名称	数据类型	地址	保持	可从...	从 H...	在 H...	注释
1		停止按钮	Bool	%I0.0		☑	☑	☑	
2		正转按钮	Bool	%I0.1		☑	☑	☑	
3		反转按钮	Bool	%I0.2		☑	☑	☑	
4		状态值辅助	Dint	%MD10		☑	☑	☑	
5		转速值辅助	Dint	%MD20		☑	☑	☑	
6		<添加>				☑	☑	☑	

图 5-42　变量表

SINAMICS G120 变频器控制需要使用 %MD10 作为状态值辅助，使用 %MD20 作为转速值辅助。

2）编辑 PLC 控制 SINAMICS G120 程序：

① 将状态值和转速值传送给 SINAMICS G120，这里根据添加标准报文 1 所使用的接口，状态值 %MD10 传送给 %QW64，转速值 %MD20 传送给 %QW66，参考程序如图 5-43 所示。

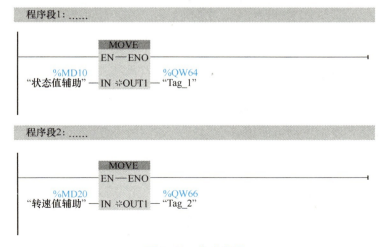

图 5-43　参考程序

② 传送一个固定转速值"400"给%MD20，如图5-44所示。

图5-44　参考程序

③ 根据标准报文 1 的控制值，按下停止按钮，传送状态值"16#047E"给%MD10；按下正转按钮，传送状态值"16#047F"给%MD10；按下反转按钮，传送状态值"16#0C7F"给%MD10，如图5-45所示。

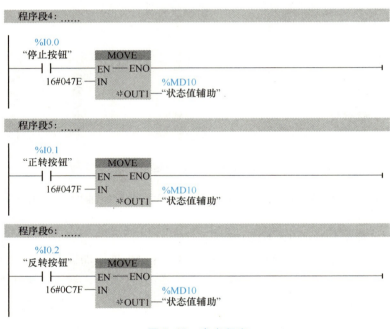

图5-45　参考程序

3）编译程序，下载调试 PLC 控制 SINAMICS G120 变频器程序。

① 按正转按钮 SB2 后电动机按照 S7-1200 设定的速度正转运行。

② 按反转按钮 SB3 后电动机按照设定速度反转运行。

③ 按停止按钮 SB1 后电动机停止。

➢ **思考与练习**

1. 简述变频器的工作原理。

2. SINAMICS G120 变频器应用在哪些领域？

3. 上网查阅有关厂商的变频器产品资料。

5.3　运动控制技术应用

➤ 学习要点

知识点：
⊙ 了解运动控制系统基本知识。
⊙ 掌握步进电动机的工作原理。
⊙ 掌握博途软件中的定位轴工艺对象。

技能点：
⊙ 会用 S7-1200 PLC 进行运动控制硬件接线。
⊙ 会用 S7-1200 PLC 进行定位轴程序编制。
⊙ 会进行步进电动机控制运行调试。

➤ 知识学习

5.3.1　运动控制系统简介

运动控制是自动化技术的一个重要分支，通过对电动机电压、电流、频率等输入量的控制，来改变工作机械的转矩、速度、位移等机械量，使各种工作机械按人们期望的要求运行，以满足生产工艺及其他应用的需要。工业生产和科学技术的发展对运动控制系统提出了日益复杂的要求，同时也为研制和生产各类新型的控制装置提供了可能。

现代运动控制已成为计算机控制技术、电力电子技术、自动控制技术、信号检测与处理技术、电动机技术、机械设计等多门学科相互交叉的综合性学科。运动控制技术的研究对象包括自动化设备中各种运动机构的位置控制、速度控制、力控制和轨迹控制等。

1. 运动控制系统的构成

典型运动控制系统的构成如图 5-46 所示。

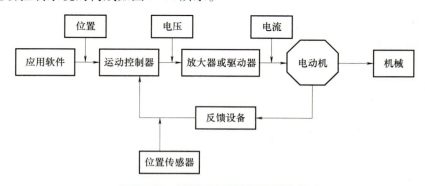

图 5-46　典型运动控制系统的构成

（1）应用软件　应用软件主要进行配置、原型和应用程序开发环境，用户可以使用应用软件指定目标位置和运动控制方案。

（2）运动控制器　运动控制器作为系统的核心，控制运动目标位置和运动方案，建立运动轨迹供电动机跟踪，对伺服电动机或步进电动机输出脉冲和方向信号等。

（3）放大器或驱动器　两者从控制器取得命令，生成驱动或运转电动机所需的电流。电动机放大器或驱动器从运动控制器获取命令，该命令一般以低电流模拟电压信号的形式被驱动器转换为高电流信号驱动电动机。电动机驱动器有许多种类，需要与它们所驱动的特定电动机类型匹配。举例而言，步进电动机驱动器能与步进电动机相连，而不能与伺服电动机相连。除了要匹配电动机技术之外，驱动器还必须提供正确的峰值电流、连续电流和电压以驱动电动机。如果驱动器提供的电流过大，电动机会有被破坏的危险；如果驱动器提供的电流过小，电动机就无法达到最大转矩。如果电压过低，电动机将无法全速运转。

（4）电动机　电动机将电能转换成机械能，并产生移动到期望目标位置所需的转矩。电动机选择和机械设计是设计运动控制系统的关键部分。表 5-4 所示为不同电动机的应用特点。

表 5-4　不同电动机的应用特点

序号	电动机类型	优　点	缺　点	应　用
1	步进电动机	价格低廉，可开环运行，终端转矩较大，有洁净间	噪声大，会引起共振，高速转矩小，不适用于高温环境，不适用于可变负载	定位、微振动
2	有刷伺服电动机	价格低廉，转速一般，终端转矩较大，驱动方便	需要维护，电刷有火花并在易爆环境中导致危险	速度控制、高速位置控制
3	无刷伺服电动机	无须维护，寿命长，无火花，高速，带有洁净间，安静、冷运行	昂贵、驱动复杂	机器人、拾取放置、高转矩应用

（5）机械　执行部分中电动机被设计来为某些机械提供转矩，包括线性滑杆、机械臂和特殊执行器等。

（6）反馈设备或位置传感器　对于某些运动控制应用（例如控制步进电动机），位置反馈设备并不是必需的，但是对于伺服电动机而言却是关键的。反馈设备通常是一个传感器，用于感知电动机位置并将结果汇报给控制器，从而构成运动控制器闭环。

2. 运动控制系统的主要类型

（1）按电动机的类型分类　分为步进电动机运动控制系统、直流伺服电动机运动控制系统、交流伺服电动机运动控制系统、直线电动机运动控制系统、气压及液压等其他伺服控制系统。

（2）按运动系统的结构分类

1）开环控制系统：系统元件便宜、成本低、控制算法简单、系统稳定、定位精度较低（10μm 级）。步进电动机控制系统是典型的开环控制系统，如图 5-47 所示。

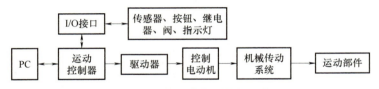

图 5-47　步进电动机控制系统

2）闭环控制系统：系统结构复杂、定位精度高（微米级）、控制算法参数多、系统元件高级、成本高，如图 5-48 所示。

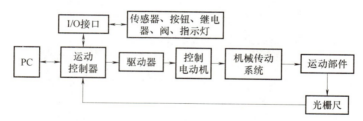

图 5-48 闭环控制系统

3）半闭环系统：介于开环和闭环系统之间，如图 5-49 所示。

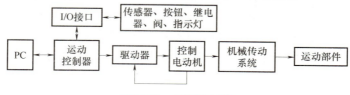

图 5-49 半闭环系统

5.3.2 S7-1200 CPU 的运动功能

博途 TIA Portal 结合 CPU S7-1200 的运动控制功能，可帮助用户控制步进电动机和伺服电动机，主要功能有：

① 在 TIA Portal 中对定位轴工艺对象进行组态。CPU S7-1200 使用这些工艺对象来控制用于控制驱动器的输出。

② 在用户程序中，可以通过运动控制指令来控制轴，也可以起动驱动器的运动命令。

1. 用于运动控制的硬件组件

使用 CPU S7-1200 进行运动控制应用的基本硬件配置，如图 5-50 所示。

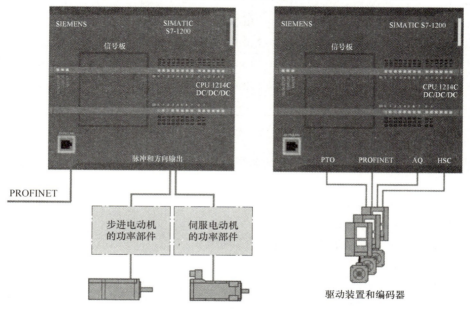

图 5-50 CPU S7-1200 与驱动产品的基本硬件配置

（1）CPU S7-1200　CPU S7-1200 兼具可编程逻辑控制器的功能和用于控制驱动器运行的运动控制功能。运动控制功能负责对驱动器进行监控。

（2）信号板　可以使用信号板为 CPU 添加其他输入和输出。如果需要，还可将数字量输出用作控制驱动器的脉冲发生器输出。对于具有继电器输出的 CPU，由于继电器不支持所需的开关频率，因此无法通过板载输出来输出脉冲信号。如果要在这些 CPU 中使用 PTO（Pulse Train Output），则必须使用具有数字量输出的信号板。如果需要，还可使用模拟量输出来控制所连接的模拟量驱动器。

（3）PROFINET　PROFINET 接口用于在 CPU S7-1200 与编程设备之间建立在线连接。除了 CPU 的在线功能外，附加的调试和诊断功能也可用于运动控制。PROFINET 仍支持用于连接 PROFIdrive 驱动器和编码器的 PROFIdrive 配置文件。

（4）驱动装置和编码器　驱动器用于控制轴的运动。编码器提供轴的闭环位置控制的实际位置。

2. 运动控制相关的 CPU 输出

S7-1200 CPU 提供了一个脉冲输出和一个方向输出，通过脉冲接口对步进电动机驱动器或伺服电动机驱动器进行控制。脉冲输出为驱动器提供电动机运动所需的脉冲。方向输出则用于控制驱动器的行进方向。

脉冲输出和方向输出具有特定的信号分配关系。板载 CPU 输出或信号板输出可用作脉冲输出和方向输出。在设备组态期间，可以在"属性"（Properties）选项卡的脉冲发生器（PTO/PWM）中，选择板载 CPU 输出或信号板输出。

可用驱动器的数量取决于 PTO（脉冲串输出）数量以及可用的脉冲发生器输出数量。S7-1200 可用的脉冲发生器输出接口和频率范围见表 5-5。

表 5-5　S7-1200 可用的脉冲发生器输出接口及频率范围

CPU	Q0.0	Q0.1	Q0.2	Q0.3	Q0.4	Q0.5	Q0.6	Q0.7	Q1.0	Q1.1
1211（DC/DC/DC）	100kHz	100kHz	100kHz	100kHz	—	—	—	—	—	—
1212（DC/DC/DC）	100kHz	100kHz	100kHz	100kHz	20kHz	20kHz	—	—	—	—
1214（F）（DC/DC/DC）	100kHz	100kHz	100kHz	100kHz	20kHz	20kHz	20kHz	20kHz	20kHz	20kHz
1215（F）（DC/DC/DC）	100kHz	100kHz	100kHz	100kHz	20kHz	20kHz	20kHz	20kHz	20kHz	20kHz
1217（DC/DC/DC）	1MHz	1MHz	1MHz	1MHz	100kHz	100kHz	100kHz	100kHz	100kHz	100kHz

3. PTO 脉冲接口的工作原理

根据步进电动机的设置，每个脉冲会使步进电动机移动特定角度。例如，如果将步进电动机设置为每转 1000 个脉冲，则每个脉冲电动机移动 0.36°。步进电动机的速度通过每单位时间的脉冲数来确定，如图 5-51 所示。

CPU 通过两个输出来输出速度和行进方向。组态与行进方向之间的关系会因所选信号类型的不同而异。可在轴组态的"基本参数"→"常规"（Basic parameters → General）下组态以下信号类型：

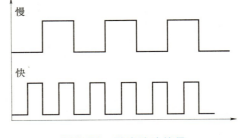

图 5-51　输出脉冲信号

①"PTO-脉冲 A 和方向 B"使用一个脉冲输出和一个方向输出控制步进电动机。

②"PTO-时钟增加 A 和时钟减少 B"分别使用一个正向和负向运动的脉冲输出控制步进电动机。

③"PTO-A/B 相移"中 A 相和 B 相的两个脉冲输出在同一频率下运行，在驱动器步进结束时会评估这两个脉冲输出的周期。

④"PTO-A/B 相移，四相位"中 A 相和 B 相的两个脉冲输出在同一频率下运行。在驱动器步进结束时会评估 A 相和 B 相的所有上升沿和下降沿。A 相和 B 相之间的相位偏移量决定了运动方向。

以常用的 PTO - 脉冲 A 和方向 B 为例，说明 S7-1200 CPU 为脉冲信号输出脉冲和方向输出电平，如图 5-52 所示。

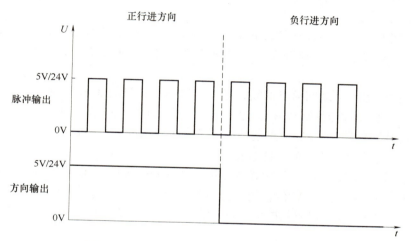

图 5-52　S7-1200 CPU 输出脉冲和方向信号

CPU 的方向输出指定驱动器的旋转方向：若方向输出上输出 5V/24V，则电动机正向旋转；若方向输出上输出 0V，则电动机反向旋转。

4. 硬件和软件限位开关

硬件限位开关和软件限位开关用于限制定位轴工艺对象的"允许行进范围"和"工作范围"。这两者的相互关系，如图 5-53 所示。

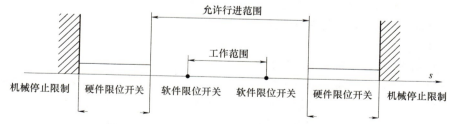

图 5-53　硬件限位开关和软件限位开关的关系

硬限位开关是限制轴的最大"允许行进范围"的限位开关。硬限位开关是物理开关元件，必须与 CPU 中具有中断功能的输入相连接。软限位开关将限制轴的"工作范围"。它们应位于限制行进范围的相关硬限位开关的内侧。由于软限位开关的位置可以灵活设置，因此可根据当前的运行轨迹和具体要求调整轴的工作范围。与硬限位开关不同，软限位开关只通过软件来实现，而无须借助自身的开关元件。

在组态中或用户程序中使用硬件和软限位开关之前，必须事先将其激活。只有在轴回原点之后，才可以激活软限位开关。

5. 回原点

回原点是指使工艺对象的轴坐标与驱动器的实际物理位置相匹配。对于位置控制的轴，位置的输入与显示完全参考轴的坐标。因此，轴坐标必须与实际情形相一致。如果要确保通过驱动器也能准确到达轴的绝对目标位置，上述步骤必不可缺。

在 S7-1200 CPU 中，使用运动控制指令"MC_Home"执行轴回原点。"已回原点"（Homed）状态将显示在工艺对象 <轴名称>.StatusBits.HomingDone 的变量中。

回原点的模式有以下几种：

（1）主动回原点　在主动回原点模式下，运动控制指令"MC_Home"将执行所需要的参考点逼近。检测到回原点开关时，将根据组态使轴回原点，同时终止当前的行进运动。

（2）被动回原点　被动回原点期间，运动控制指令"MC_Home"不会执行任何回原点运动。需通过其他运动控制指令，执行这一步骤中所需的行进移动。检测到回原点开关时，将根据组态使轴回原点。被动回原点起动时，不会中止当前的行进运动。

（3）绝对式直接回原点　轴位置的设置与回原点开关无关，同时终止当前的行进运动，立即将运动控制指令"MC_Home"中输入参数"Position"的值，设置为轴的参考点。

（4）相对式直接回原点　轴位置的设置与回原点开关无关，同时终止当前的行进运动。以下语句适用于回到原点后轴的定位：新的轴位置 = 当前轴位置 + 指令"MC_Home"中"Position"参数的值。

6. 运动控制语句概述

在用户程序中，可以使用运动控制指令控制轴。这些指令会起动执行所需功能的运动控制作业。可以从运动控制指令的输出参数中获取运动控制作业的状态及作业执行期间发生的任何错误。

S7-1200 CPU 适用的运动控制指令有：

① MC_Power：启用、禁用轴。

② MC_Reset：确认错误。

③ MC_Home：归位轴，设置归位位置。

④ MC_Halt：停止轴。

⑤ MC_MoveAbsolute：轴的绝对定位。

⑥ MC_MoveRelative：轴的相对定位。

⑦ MC_MoveVelocity：以预设的旋转速度移动轴。

⑧ MC_MoveJog：在点动模式下移动轴。

⑨ MC_CommandTable：按移动顺序运行轴作业（从 V2.0"轴"工艺对象起）。

⑩ MC_ChangeDynamic：更改轴的动态设置（从 V2.0"轴"工艺对象起）。

5.3.3　步进电动机及驱动器

1. 步进电动机运动控制系统

步进电动机运动控制系统的典型结构如图5-54所示。它主要由运动控制部件、驱动部件、运动执行部件三部分构成。

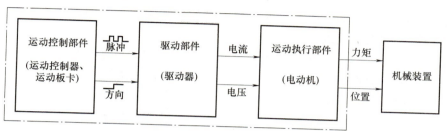

图5-54　步进电动机运动控制系统的典型结构

步进电动机是一种将电脉冲转化为角位移的执行机构。其特点是没有积累误差，因而广泛应用于各种开环控制。当步进驱动器接收到一个脉冲信号时，它就驱动步进电动机按设定的方向转动一个固定的角度，它的旋转是以固定的角度一步一步进行的。可以通过控制脉冲个数来控制角位移量，从而达到准确定位的目的；同时可以通过控制脉冲频率来控制电动机转动的速度和加速度，从而达到调速的目的。

步进电动机的运行要由电子装置进行驱动，这种装置就是步进电动机驱动器，它是把控制系统发出的脉冲信号加以放大并驱动步进电动机。步进电动机的转速与脉冲信号的频率成正比，控制步进电动机脉冲信号的频率，可以对电动机精确调速；控制步进脉冲的个数，可以对电动机精确定位，如图5-55所示。

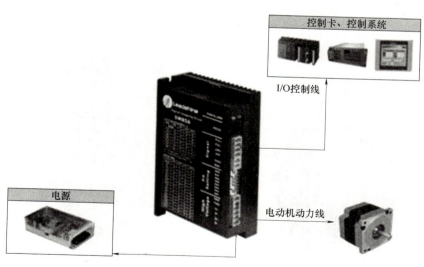

图5-55　步进驱动器控制

2. 常用术语

（1）步距角　每输入一个电脉冲信号时转子转过的角度称为步距角。步距角的大小可直接影响电动机的运行精度。

（2）整步　最基本的驱动方式，这种驱动方式的每个脉冲使电动机移动一个基本步距角。例如：标准两相电动机的一圈共有 200 个步距角，则整步驱动方式下，每个脉冲使电动机移动 1.8°。

（3）半步　在单相励磁时，电动机转轴停至整步位置上，驱动器收到下一个脉冲后，若给另一相励磁且保持原来相继续处在励磁状态，则电动机转轴将移动半个基本步距角，停在相邻两个整步位置的中间。如此循环地对两相线圈进行单相然后两相励磁，步进电动机将以每个脉冲半个基本步距角的方式转动。

（4）细分　细分就是指电动机运行时的实际步距角是基本步矩角的几分之一。例如，驱动器工作在 10 细分状态时，其步距角只为电动机固有步矩角的 1/10。也就是说，当驱动器工作在不细分的整步状态时，控制系统每发出一个步进脉冲，电动机就转动 1.8°，而用细分驱动器工作在 10 细分状态时，电动机只转动了 0.18°。细分功能完全是由驱动器靠精度控制电动机的相电流所产生的，与电动机无关。

3. 三相混合式步进电动机

以 3S 系列三相混合式步进电动机为例，其外形如图 5-56 所示。采用优质冷轧硅钢片和耐高温永磁体材料制造，具有运行转矩大、温升小、可靠性高等特点，且内部阻尼特性良好，无明显振荡区，运行平稳。

4. 步进电动机驱动器

本系统以 3DM580 型步进电动机驱动器为例，其外形如图 5-57 所示。3DM580 型步进电动机是雷赛公司新推出的数字式步进电动机驱动器，采用最新 32 位 DSP 技术，用户可以设置 200～51200 内的细分以及额定电流内的任意电流值，能够满足大多数场合的应用需要。由于采用内置微细分技术，即使在低细分的条件下，也能够达到高细分的效果，低中高速运行都很平稳，噪声超小。驱动器内部集成了参数自动整定功能，能够针对不同电动机自动生成最优运行参数，最大限度地发挥电动机的性能。

图 5-56　3S 系列三相混合式
步进电动机的外形

图 5-57　3DM580 型步进
电动机驱动器的外形

3DM580 型步进电动机驱动器可驱动 3，6 线的三相步进电动机；电压输入范围为 DC 18～50V；最大电流为 8.0A；分辨率为 0.1A；细分范围为 200～51200 步/r；信号输入为差分/单端，脉冲/方向或双脉冲，信号支持 DC 5V。

（1）电气指标　3DM580 型步进电动机驱动器的电气指标见表5-6。

表 5-6　3DM580 型步进电动机驱动器的电气指标

主要参数 ＼ 数值类型	最小值	典型值	最大值
输出电流/A	2.5	—	8.0
输入电源电压/V	18	36	50
控制信号输入电流/mA	7	10	16
步进脉冲频率/kHz	0	—	500
绝缘电阻/MΩ	100		

（2）驱动器接口　步进驱动器控制信号的接口功能见表5-7。功率信号的接口功能见表5-8。

表 5-7　控制信号的接口功能

名　称	功　能
PUL +	脉冲输入信号：脉冲有效沿可调，默认脉冲上升沿有效；为了可靠响应脉冲信号，脉冲宽度应大于1.2μs。信号支持5V，如采用 +12V 或 +24V 时需串联电阻
PUL −	双脉冲模式下：CW
DIR +	方向输入信号：高/低电平信号，为保证电动机可靠换向，方向信号应先于脉冲信号至少5μs建立。电动机的初始运行方向与电动机绕组接线有关，互换任一相绕组（如 A +、A − 交换）可以改变电动机初始运行的方向。信号支持5V，如采用 +12V 或 +24V 时需串联电阻
DIR −	双脉冲模式下：CCW
ENA +	使能控制信号：此输入信号用于使能或禁止驱动器输出。ENA 接低电平（或内部光耦导通）时，驱动器将切断电动机各相的电流使电动机处于自由状态，不响应步进脉冲。当不需用此功能时，使能信号端悬空即可。信号支持5V，如采用 +12V 或 +24V 时需串联电阻
ENA −	

表 5-8　功率信号的接口功能

名　称	功　能
GND	直流电源地
+ VDC	直流电源正，范围为 +18 ～ +50V，推荐 +36V
U	U 相绕组
V	V 相绕组
W	W 相绕组

（3）拨码开关的设定　3DM580 型步进电动机驱动器采用八位拨码开关设定细分、运行电流、静止半流，如图 5-58 所示。

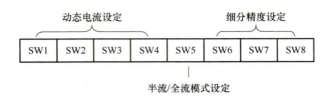

图 5-58　拨码开关的设定

1）运行电流的设定见表 5-9。

表 5-9　运行电流的设定

输出峰值电流/A	输出有效值电流/A	SW1	SW2	SW3	SW4
缺省		off	off	off	off
2.5	1.8	on	off	off	off
2.9	2.1	off	on	off	off
3.2	2.3	on	on	off	off
3.6	2.6	off	off	on	off
4.0	2.9	on	off	on	off
4.5	3.2	off	on	on	off
4.9	3.5	on	on	on	off
5.3	3.8	off	off	off	on
5.7	4.1	on	off	off	on
6.2	4.4	off	on	off	on
6.4	4.6	on	on	off	on
6.9	4.9	off	off	on	on
7.3	5.2	on	off	on	on
7.7	5.5	off	on	on	on
8.0	5.7	on	on	on	on

　　当 SW1～SW4 均为 off 时，使用上位机对电流进行设置，最大值为 8.0A，分辨率为 0.1A，不设置则默认峰值电流为 2.1A。

　　2）静止电流的设定：静止电流可用 SW5 拨码开关设定，off 表示静止电流设为运行电流的 1/2，on 表示静止电流与运行电流相同。一般用途中应将 SW5 设成 off，使得电动机和驱动器的发热量减少，降低能耗，可靠性提高。脉冲信号停止 0.4s 后电流自动减半，发热量理论上减至 25%。

　　3）细分设定：见表 5-10。

表 5-10　细分设定

步/r	SW6	SW7	SW8
缺省	on	on	on
6400	off	on	on
500	on	off	on
1000	off	off	on
2000	on	on	off
4000	off	on	off
5000	on	off	off
10000	off	off	off

当 SW6 ~ SW8 均为 on 时，驱动器使用内部默认细分为 200 步/r，用户可以通过上位机软件进行细分设置，最小为 200 步/r，最大为 51200 步/r。

（4）驱动器接口接线　3DM580 型步进电动机驱动器外部信号接线示例如图 5-59 所示。

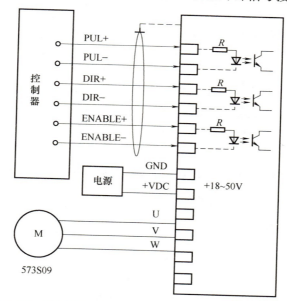

573S09

图 5-59　3DM580 型步进电动机驱动器外部信号接线示例

> ➤ **任务实施**

5.3.4　PLC 运动控制应用

本控制任务采用步进电动机运动控制系统，如图 5-60 所示。

该控制系统由步进电动机、驱动器、传动机械机构、限位开关和位置传感器组成。

步进电动机运动控制系统的控制要求如下：

视频 18

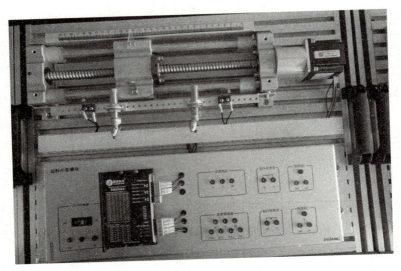

图 5-60　步进电动机运动控制系统

　　1）可设定右传感器位置为原点位置，按下回原点按钮，步进电动机可拖动运行滑块到达原点位置。

　　2）在运动原点位置时，按下起动按钮，步进电动机拖动运行滑块向左运行，运行至另一位置传感器时，换向返回原点位置，再继续换向，如此循环左右运动。

　　3）按下停止按钮，运动机构立即停止动作。

　　4）运行机构设有左右极限位置保护，当滑块运动到极限位置时不能继续运动。

1. PLC 的 I/O 地址分配

　　根据步进电动机控制任务要求分析，I/O 地址分配见表 5-11。

表 5-11　I/O 地址分配

输　入			输　出		
输入元件	输入接口	功　能	输出元件	输出接口	功　能
SQ1	%I0.0	左限位开关	PUL +	%Q0.0	脉冲信号
SQ2	%I0.1	右限位开关	DIR +	%Q0.1	方向信号
SQ3	%I0.2	传感器1			
SQ4	%I0.3	传感器2			
SB1	%I0.4	回原点按钮			
SB2	%I0.5	起动按钮			
SB3	%I0.6	停止按钮			

2. 硬件接线

　　PLC 控制实现步进电动机正反转控制的 I/O 接线如图 5-61 所示。

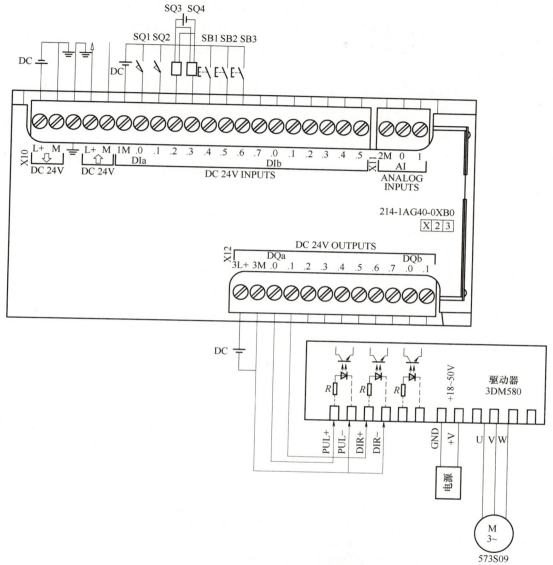

图5-61　PLC控制实现步进电动机正反转控制的I/O接线

按照PLC控制步进电动机电路进行硬件接线。

根据步进电动机参数与机械传动的关系，步进电动机每旋转一圈，丝杠拖动滑块移动5mm，驱动器拨码开关选择合适的位置，见表5-12。步进电动机额定电流为3.5A，静止时电流减半，细分为500步/r。

表5-12　驱动器拨码开关的位置

拨码位置	SW1	SW2	SW3	SW4	SW5	SW6	SW7	SW8
状　态	on	on	on	off	off	on	off	on

步进电动机及驱动器接线要求如下：

　　1）为了防止驱动器受到干扰，建议控制信号采用屏蔽电缆线，并且屏蔽层与地线短接，除特殊要求外，控制信号电缆的屏蔽线单端接地：屏蔽线的上位机一端接地，屏蔽线的驱动器一端悬空。同一机器内只允许在同一点接地，如果不是真实的地线，可能干扰更加严重，此时屏蔽层不接。

　　2）脉冲和方向信号线与电动机线不允许并排包扎在一起，最好分开至少 10cm 以上，否则电动机噪声容易干扰脉冲方向信号引起电动机定位不准、系统不稳定等故障。

　　3）如果一个电源供多台驱动器，应在电源处采取并联连接，不允许采取先到一台再到另一台链状式连接。

　　4）严禁带电拔插驱动器强电 P2 端子，带电的电动机停止时仍有大电流流过线圈，拔插 P2 端子将导致巨大的瞬间感生电动势，可能烧坏驱动器。

　　5）严禁将导线头加锡后接入接线端子，否则可能因接触电阻变大而过热损坏端子。

　　6）接线线头不能裸露在端子外，以防意外短路而损坏驱动器。

3. S7-1200 的轴组态及步进电动机控制

　　定位轴工艺对象的工具 TIA Portal 中将为定位轴工艺对象提供组态（Configuration）、调试（Commissioning）和诊断（Diagnostics）工具，如图 5-62 所示。该图显示了这三种工具与工艺对象和驱动器的相互关系。

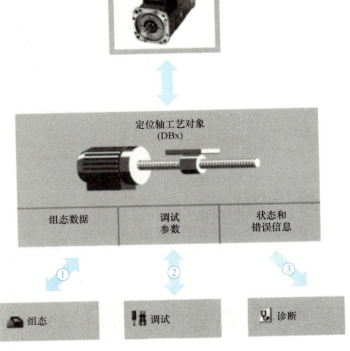

图 5-62　定位轴工艺对象关系

① 读取和写入工艺对象的组态数据。

② 通过工艺对象的驱动器控制，读取轴控制面板上显示的轴状态，优化位置控制。

③ 读取工艺对象的当前状态和错误信息，显示 PROFIdrive 驱动器的更多消息帧信息。

要使用定位轴工艺对象，必须创建一个含有 S7-1200 CPU 的项目，并按指定的顺序执行以下步骤：

① 创建步进电动机控制项目。

② 添加一个定位轴工艺对象。

③ 使用组态对话框，进行轴参数设定。

④ 下载到 S7-1200 CPU。

⑤ 在调试窗口中对轴执行功能测试。

⑥ 编程。

⑦ 调试运行。

下面创建一个轴工艺对象，首先创建具有 CPU S7-1200 的项目后，按照步骤进行创建。

（1） 创建步进电动机控制工程　添加一个控制器 S7-1200，如果不太确定具体的型号，可以采用添加一个非特定的 CPU 1200，如图 5-63 所示。

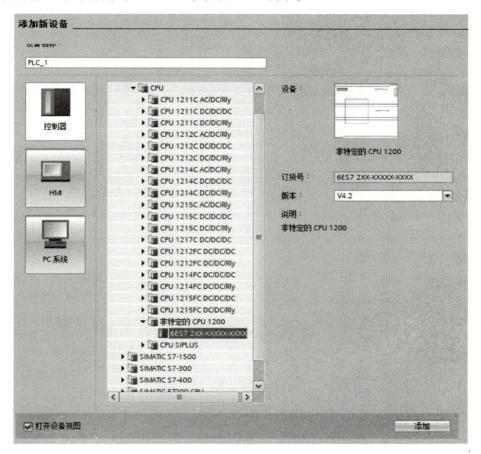

图 5-63　添加非特定的 CPU 1200

在打开的设备视图中，可以看到添加的非特定 S7-1200 的设备，连接好 PLC 与 PC，单击"获取"按钮，如图 5-64 所示。

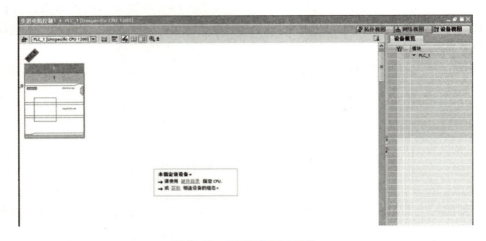

图 5-64　非特定 CPU 设备

弹出 PLC 的硬件检测对话框，如图 5-65 所示，选择对应的接口，单击"开始搜索"按钮。当搜索到 PLC 设备时，选择设备并单击"检测"按钮，就可以将未知型号的 PLC 添加至工程中了。

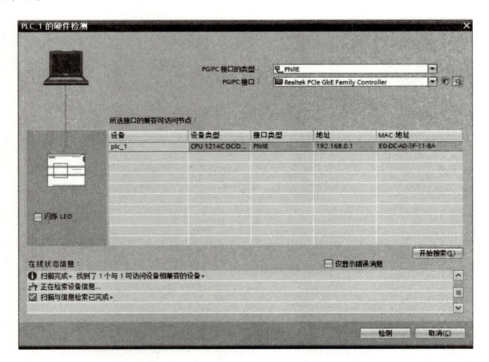

图 5-65　　检测设备型号

创建步进电动机控制变量表，如图 5-66 所示。

图 5-66 步进电动机控制变量表

（2）添加一个定位轴工艺对象

1）在项目树中打开"设备"→"工艺对象"文件夹，双击"新增对象"命令，如图 5-67 所示。

2）打开"新增对象"对话框，在"运动控制"文件夹中，选择工艺对象"定位轴"（TO_PositioningAxis），如图 5-68 所示。

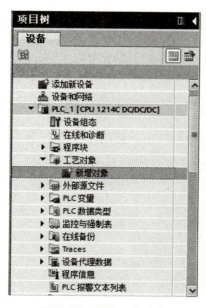

图 5-67 新增工艺对象

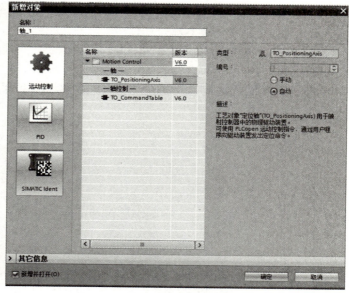

图 5-68 新增轴

如果要添加旧版本轴，则单击版本并选择相关工艺版本。

在"名称"（Name）输入字段中更改轴的名称以符合用户的需要。

如果要更改推荐的数据块编号，则选择"手动"（Manual）选项。如果要为该工艺对象补充用户信息，则单击"更多信息"（More information）。如果要添加该工艺对象，单击"确定"按钮。如果要放弃输入，单击"取消"按钮。确定后，S7-1200 CPU 创建了新工艺对象，并保存在项目树中的"工艺对象"（Technology objects）文件夹中，如图 5-69 所示。

（3）组态定位轴工艺对象

1）在"常规"（General）组态窗口中，组态定位轴工艺对象的基本属性，如图5-70所示。

图5-69　创建新工艺对象

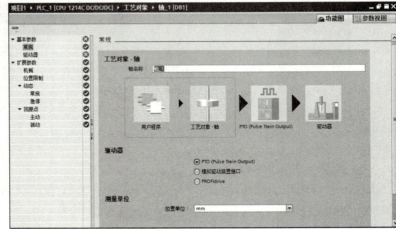

图5-70　常规参数

选择驱动器连接的类型PTO（Pulse Train Output），驱动器通过脉冲发生器输出、可选使能输出和可选准备就绪输入进行连接。

2）驱动器参数的设定，脉冲通过固定分配的数字量输出到驱动器的动力装置，如图5-71所示。

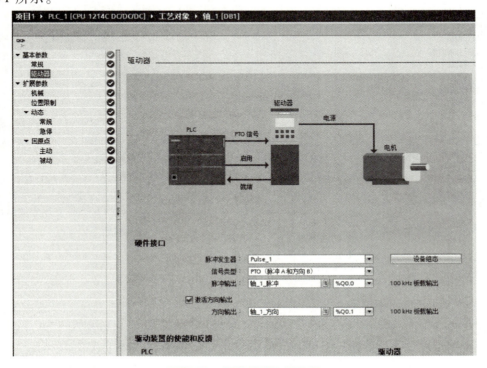

图5-71　驱动器参数的设定

硬件接口脉冲发生器："Pulse_1"。

信号类型："PTO（脉冲 A 和方向 B）"。

脉冲输出："% Q0.0"。

方向输出："% Q0.1"。

3）机械参数的设定，如图 5-72 所示。在"机械"（Mechanics）组态窗口中组态驱动器的机械属性。

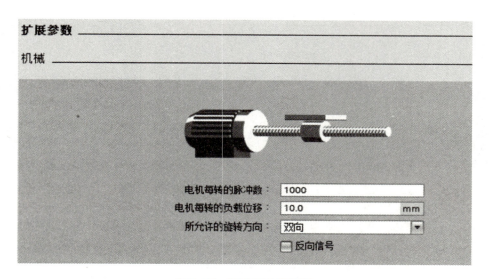

图 5-72 机械参数的设定

4）硬限位开关和软限位开关的设置，如图 5-73 所示。

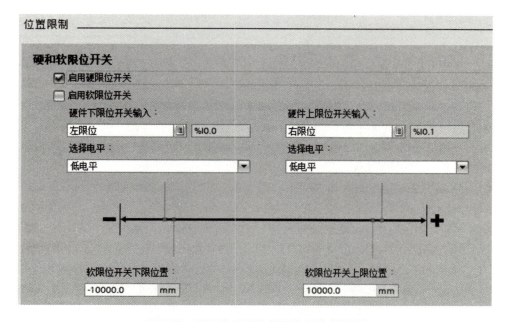

图 5-73 硬限位开关和软限位开关的设置

5）回原点主动设置，如图 5-74 所示。

其他轴参数可以是默认值，如有需要可参考使用手册。

（4）下载到 S7-1200 CPU　编译并保存整个 S7-1200 CPU 项目，然后下载到 S7-1200 CPU 中。

（5）在调试窗口中对轴进行手动功能测试　双击项目树中工艺对象轴的"调试"，如图 5-75 所示。

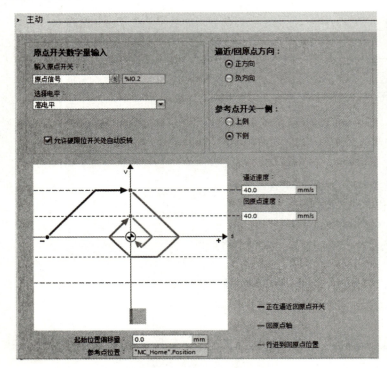

图 5-74　回原点主动设置

图 5-75　项目树

打开调试对话框轴控制面板，如图 5-76 所示。

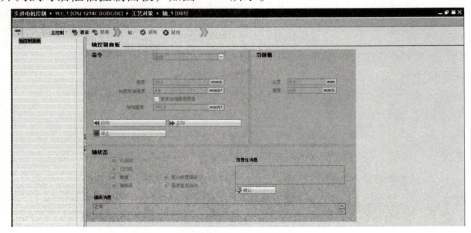

图 5-76　轴控制面板（1）

在"主控制"中单击"激活"按钮，弹出"激活主控制"对话框，如图 5-77 所示，单击"是"按钮。

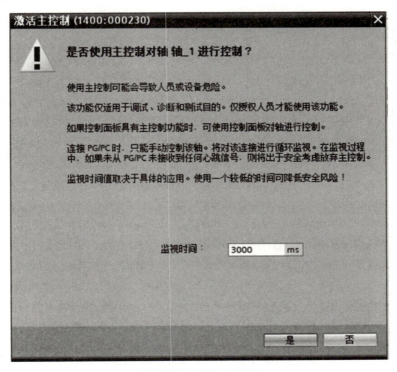

图 5-77　激活主控制

激活轴的主控制后，就可以启用轴了，单击"启用"按钮，就可以在轴控制面板中进行轴的运动控制了，如图 5-78 所示。

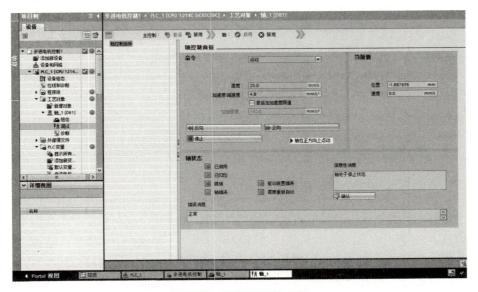

图 5-78　轴控制面板（2）

在轴控制面板中，可以设定速度及加减速度，注意调试时不要将速度设定得过高。通过单击"正向"按钮或"反向"按钮及"停止"按钮可以控制步进电动机的运动，并在当前值中显示位置与速度值。

在轴状态中实时显示步进电动机的状态及消息信息。

轴调试完成后，单击"禁用"按钮，退出轴控制面板，转至离线，轴调试结束。

通过"取消激活"（Deactivate）按钮，可将主控制权限返回给用户程序。

（6）利用轴指令进行步进电动机自动正反转编程　通过轴控制面板对步进电动机进行手动调试完成后，就可以运用轴指令进行步进电动机自动往返程序控制了。

1）在原点位置，按下起动按钮，步进电动机运行，机构开始运动；按下停止按钮后机构停下。这里需要一个辅助继电器%M0.0作为运动控制辅助信号，参考程序如图5-79所示。

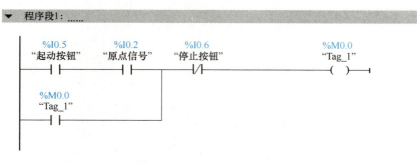

图 5-79　%M0.0 控制程序

2）起动后在原点时，步进电动机正向运动，到达反向位置后，步进电动机反向运动。在此控制过程中，步进电动机的方向信号由参数值来表示，用%MD10存储方向控制值。正转运行时方向值为"1"，反转运行时方向值为"2"，参考程序如图5-80所示。

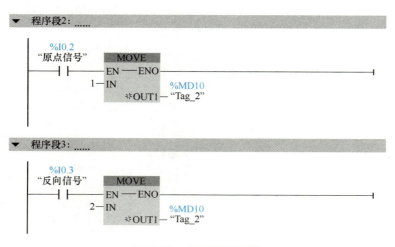

图 5-80　方向赋值程序

3）启用轴程序。打开"指令"标签中"工艺"（Technology）类别和"Motion Control"（运动控制）文件夹，将"MC_Power"指令拖放到代码块中相应的程序段，如图5-81所示。

打开用于定义背景数据块的对话框，如图5-82所示。选择是要自动还是手动定义背景数据块的名称和编号，这里选择"自动"，然后单击"确定"按钮。

图5-81　运动控制指令

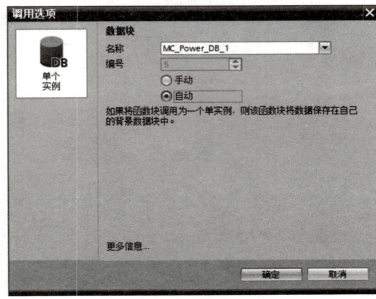

图5-82　调用选项

将运动控制指令"MC_Power"插入到该程序段中，如图5-83所示。

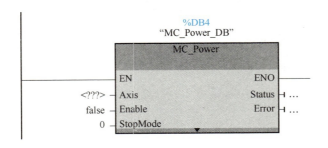

图5-83　插入运动控制指令

运动控制指令"MC_Power"及每个参数的说明可以通过帮助信息系统查询到，如图5-84所示。

必须初始化标有"＜???＞"的参数；给所有其他参数分配参数值。黑体显示的参数是使用运动控制指令时所必需的参数。在项目树中选择工艺对象"轴_1"并将其拖放到"＜???＞"上。按下停止按钮后步进电动机停止，将停止按钮动断触点放置到"Enable"轴使能控制端，作为控制轴运行信号，其他参数选择默认值，参考程序如图5-85所示。

4) 回原点程序。使用"MC_Home"轴归位运动控制指令可将轴坐标与实际物理驱动器位置匹配。轴的绝对定位需要回原点。可执行以下类型的回原点：

① 主动回原点（Mode = 3），自动执行回原点步骤。

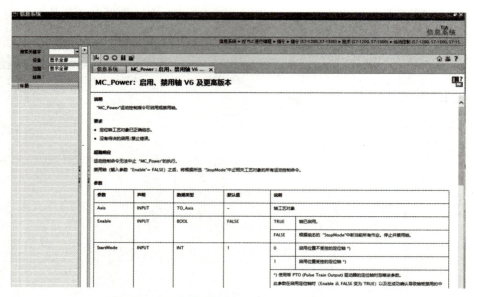

图 5-84　运动控制指令"MC_Power"帮助信息

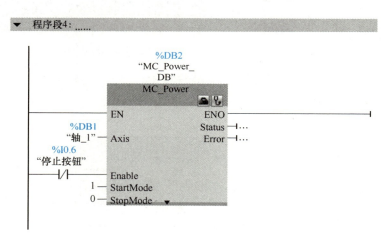

图 5-85　起动轴程序

② 被动回原点（Mode = 2），被动回原点期间，运动控制指令"MC_Home"不会执行任何回原点运动。用户需通过其他运动控制指令执行这一步骤中所需的行进移动。检测到回原点开关时，轴即回原点。

③ 直接绝对回原点（Mode = 0），将当前轴位置设置为参数"Position"的值。

④ 直接相对回原点（Mode = 1），将当前轴位置的偏移值设置为参数"Position"的值。

⑤ 绝对编码器相对调节（Mode = 6），将当前轴位置的偏移值设置为参数"Position"的值。

⑥ 绝对编码器绝对调节（Mode = 7），将当前轴位置设置为参数"Position"的值。

插入运动控制指令"MC_Home"归位轴指令，轴工艺对象仍然是将"轴_1"回原点按钮作为上升沿起动命令，模式选用主动回原点（Mode = 3），参考程序如图 5-86 所示。

程序段5: ......

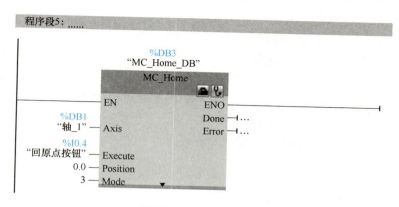

图5-86   回原点程序

5）步进电动机自动往返运动控制。通过运动控制指令"MC_MoveVelocity"可以设定速度移动轴，即根据指定的速度连续移动轴。参考程序如图5-87所示。

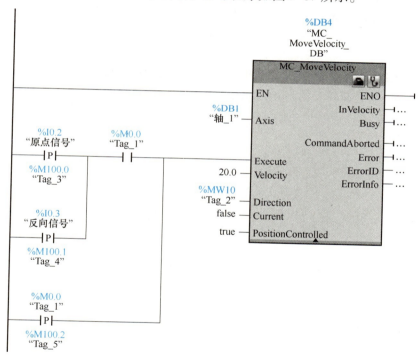

图5-87   步进电动机往返运动程序

"Axis"轴工艺对象仍然是"轴_1"。

"Execute"上升沿起动命令的条件是起动步进电动机时，运行机构在原点信号和反向信号处对应的方向值都需要更改，就要重新利用上升沿触发。

"Velocity"轴运动的指定速度为"20.0"。

"Direction"指定方向为%MW10。

其他参数为默认值。

（7）调试运行   将编译保存的步进电动机自动控制程序下载到S7-1200 CPU中，并转至在线监控程序的运行情况。

按照步进电动机自动运行控制要求进行动作调试并记录动作情况。

1）按下回原点按钮，观察步进电动机是否正转去寻找原点信号，到达极限左限位是否反向运行，最后拖动运行滑块到达原点位置并停止。

2）在运动原点位置按下起动按钮，步进电动机拖动运行滑块向左运行，运行至另一位置传感器时，换向返回原点位置，再继续换向，如此循环左右运动。

3）按下停止按钮，运动机构立即停止动作。

> 思考与练习

1. 简述步进电动机的工作原理。

2. PLC 如何控制步进电动机的运行？

3. 博途中轴工艺对象如何使用和设置？

4. 设计步进电动机自动运行控制系统，控制要求如下：以左电感式传感器作为原点，起动后，滑块往右移动 2cm，停止 5s。滑块再往右移动 4cm，停止 5s。然后滑块再往右移动 6cm，停止 5s 后返回原点。左右两个微动开关作为极限保护。移动距离可根据标尺上的刻度确认。

按下急停按钮，滑块立即停止，松开急停按钮后起动指示灯闪烁，提示进行复位操作。

按下回原点按钮，滑块开始自动回原点。回到原点后，运行指示灯由闪烁变为常亮提示可以起动系统。

参 考 文 献

［1］西门子（中国）有限公司. 深入浅出西门子 S7-1200 PLC ［M］. 北京：北京航空航天大学出版社，2009.

［2］胡学林. 可编程控制器教程（基础篇）［M］. 北京：电子工业出版社，2003.

［3］阳胜峰. 西门子 PLC 与变频器、触摸屏综合应用教程 ［M］. 北京：中国电力出版社，2013.

［4］周照君. 维修电工从业技能快速提高 ［M］. 北京：人民邮电出版社，2012.

［5］廖常初. S7-1200 PLC 编程及应用 ［M］. 北京：机械工业出版社，2017.